U0162827

广西优秀传统文化
出版工程

"自然广西"丛书

远古植物世界

刘景婧　付琼耀　著

微信 / 抖音扫码

广西科学技术出版社

·南宁·

图书在版编目（CIP）数据

远古植物世界 / 刘景婧，付琼耀著 . —南宁：广西科学技术出版社，2023.9
（"自然广西"丛书）
ISBN 978-7-5551-1983-8

Ⅰ.①远… Ⅱ.①刘… ②付… Ⅲ.①古植物—广西—普及读物 Ⅳ.① Q914-49

中国国家版本馆 CIP 数据核字（2023）第 174661 号

YUANGU ZHIWU SHIJIE
远古植物世界

刘景婧　付琼耀　著

出 版 人：梁　志
项目统筹：罗煜涛
项目协调：何杏华
责任编辑：邓　霞　罗　风

装帧设计：韦娇林　陈　凌
美术编辑：韦宇星
责任校对：夏晓雯
责任印制：韦文印

出版发行：广西科学技术出版社
社　　址：广西南宁市东葛路 66 号
邮政编码：530023
网　　址：http://www.gxkjs.com
印　　制：广西昭泰子隆彩印有限责任公司

开　　本：889 mm×1240 mm　1/32
印　　张：6
字　　数：130 千字
版　　次：2023 年 9 月第 1 版
印　　次：2023 年 9 月第 1 次印刷
书　　号：ISBN 978-7-5551-1983-8
定　　价：36.00 元

总序

　　江河奔腾，青山叠翠，自然生态系统是万物赖以生存的家园。走向生态文明新时代，建设美丽中国，是实现中华民族伟大复兴中国梦的重要内容。

　　进入新时代，生态文明建设在党和国家事业发展全局中具有重要地位。党的二十大报告提出"推动绿色发展，促进人与自然和谐共生"。2023 年 7 月，习近平总书记在全国生态环境保护大会上发表重要讲话，强调"把建设美丽中国摆在强国建设、民族复兴的突出位置"，"以高品质生态环境支撑高质量发展，加快推进人与自然和谐共生的现代化"，为进一步加强生态环境保护、推进生态文明建设提供了方向指引。

　　美丽宜居的生态环境是广西的"绿色名片"。广西地处祖国南疆，西北起于云贵高原的边缘，东北始于逶迤的五岭，向南直抵碧海银沙的北部湾。高山、丘陵、盆地、平原、江流、湖泊、海滨、岛屿等复杂的地貌和亚热带季风气候，造就了生物多样性特征明显的自然生态。山川秀丽，河溪俊美，生态多样，环境优良，物种丰富，广西在中国乃至世界的生态资源保护和生态文明建设中都起到举足轻重的作用。习近平总书记高度重视广西生态文明建设，称赞"广西生态优势金不换"，强调要守护好八桂大地的山水之美，在推动绿色发展上实现更大进展，为谱写人与自然和谐共生的中国式现代化广西篇章提供了科学指引。

生态安全是国家安全的重要组成部分，是经济社会持续健康发展的重要保障，是人类生存发展的基本条件。广西是我国南方重要生态屏障，承担着维护生态安全的重大职责。长期以来，广西厚植生态环境优势，把科学发展理念贯穿生态文明强区建设全过程。为贯彻落实党的二十大精神和习近平生态文明思想，广西壮族自治区党委宣传部指导策划，广西出版传媒集团组织广西科学技术出版社的编创团队出版"自然广西"丛书，系统梳理广西的自然资源，立体展现广西生态之美，充分彰显广西生态文明建设成就。该丛书被列入广西优秀传统文化出版工程，包括"山水""动物""植物"3个系列共16个分册，"山水"系列介绍山脉、水系、海洋、岩溶、奇石、矿产，"动物"系列介绍鸟类、兽类、昆虫、水生动物、远古动物、史前人类，"植物"系列介绍野生植物、古树名木、农业生态、远古植物。丛书以大量的科技文献资料和科学家多年的调查研究成果为基础，通过自然科学专家、优秀科普作家合作编撰，融合地质学、地貌学、海洋学、气候学、生物学、地理学、环境科学、历史学、考古学、人类学等诸多学科内容，以简洁而富有张力的文字、唯美的生态摄影作品、精致的科普手绘图等，全面系统介绍广西丰富多彩的自然资源，生动解读人与自然和谐共生的广西生态画卷，为建设新时代壮美广西提供文化支撑。

八桂大地，远山如黛，绿树葱茏，万物生机盎然，山水秀甲天下。这是广西自然生态环境的鲜明底色，让底色更鲜明是时代赋予我们的责任和使命。

推动提升公民科学素养，传承生态文明，是出版人的拳拳初心。党的二十大报告提出，"加强国家科普能力建设，深化全民阅读活动"，"推进文化自信自强，铸就社会主义文化新辉煌"。"自然广西"丛书集科学性、趣味性、可读性于一体，在全面梳理广西丰富多彩的自然资源的同时，致力传播生态文明理念，普及科学知识，进一步增强读者的生态文明意识。丛书的出版，生动立体呈现八桂大地壮美的山山水水、丰盈的生态资源和厚重的历史底蕴，引领世人发现广西自然之美；促使读者了解广西的自然生态，增强全民自然科学素养，以科学的观念和方法与大自然和谐相处；助力广西守好生态底色，走可持续发展之路，让广西的秀丽山水成为人们向往的"诗和远方"；以书为媒，推动生态文化交流，为谱写人与自然和谐共生的中国式现代化广西篇章贡献出版力量。

"自然广西"丛书，凝聚愿景再出发。新征程上，朝着生态文明建设目标，我们满怀信心、砥砺奋进。

失落秘境

探寻广西大地上的

揭秘八桂远古植物

微信/抖音扫码

揭开
神秘面纱

短视频讲解本书内容 快速获取核心观点

出版社品质好书推荐 完善你的知识地图

阅读视野

拓宽

直面考古挖掘现场 追溯植物进化之路

前世今生

解码

全民参与生态保护 共建和谐绿色家园

生物多样性

保护

目录

综述：藏在植物化石里的历史

　　说起"化石"，立即闪现在你脑海中的是什么呢？我猜，也许是张着大嘴、露出尖牙，如钢筋铁塔般高高屹立在博物馆里的巨型恐龙化石吧？是的，恐龙化石是家喻户晓的明星，但是在化石家族中，还有另外一些化石，它们中的"元老"比恐龙化石还要古老。它们活着的时候，用丰盈的绿色润养了地球和几乎所有的生命；死了之后，用美丽迷人的烙印默默记载了地球亿万年的历史。无论生死，它们都低调地"隐藏"在我们习以为常的目光中。它们，就是植物化石。现在，就请聪明的你带上好奇心，翻开地球这本书，和我们一起探寻藏在植物化石里远古秘境吧！

　　首先我们要弄明白，什么是植物化石？简单地说，植物化石就是遥远地质历史时期的植物遗体或遗迹变成的石头。有些读者可能想不明白："植物那么柔弱，死后会很快腐烂消失吧？怎么会留存为化石呢？"确实，植物体死后大多都经风化作用、微生物作用而被分解掉，没留下任何痕迹。但是凡事都有例外，少部分植物体或被泥沙掩埋，或沉入水底被淤泥河沙覆盖，在隔绝空气

植物组织，尤其是花叶部分非常脆弱，再加上它们大都生活在陆地上，导致化石非常稀少。植物化石常常会被压成含碳质层埋藏于地层中，这也是植物组织唯一残留的物质。能保存为木化石的植物往往都非常粗壮，这是因为植物树干的木质部非常坚硬。

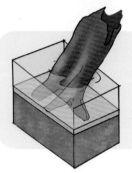

当植物死亡后，它们有些会被埋藏在沉积物中，这种埋藏通常会发生在湖泊、河流、沼泽、沙漠和海底等不同的地质环境中。如被洪水猛烈撕裂的树木，碎片被冲走后，树桩和原木被泥沙迅速掩埋。随着时间的推移，植物遗体上面的沉积物会不断增加，阻止其与空气接触。

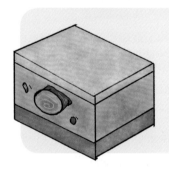

在埋藏和压实的过程中，植物遗体中的有机物会逐渐被矿物质所取代，这个过程被称为"矿化"，其中植物的细胞壁和其他组织逐渐被矿物质填充，最终变成坚硬的化石。在另一些情况下，植物遗体会经过碳化过程，即有机物质在高温和高压下被碳化，形成类似煤炭的物质。这些化石可以是完整的植物遗存，如树干、叶片甚至花朵，有时有机碳没有保留就只剩下植物的痕迹，如植物叶片的印痕化石。

植物化石的形成是一个漫长的过程，需要数百万年甚至更长时间。然后，在某些地质过程中，岩层可能会被抬升到地表，从而暴露出植物化石。这些化石可以被古生物学家收集和研究，以了解植物的形态、分类、分布和演化等方面的信息，这对于研究古代植物的演化和地球历史非常重要。

植物化石的一般形成过程示意图（余怡　绘）

的情况下被幸运地保存下来，再经过堆积物层层叠压，植物体逐渐石化，最终变成化石。相对于动物化石，植物化石更像是一幅幅隐藏在地层中的美丽图画。按植物形态结构的不同，植物化石可分为叶化石、茎干化石、果化石、孢子花粉化石等。按植物埋藏的状态，可分为压型化石、印痕化石和实体化石等。琥珀也是植物化石中一类特殊的树脂化石。我们的地球已经有46亿年的历史，自从38亿年前最早的有机生命体出现，植物的演化就大致经历了由简单到复杂，由水生到陆生，由低等到高等的过程。但是时间太过久远，又经过了沧海桑田的变化，如何才能揭开这段历史的神秘面纱，真实还原这段历史呢？各个地质历史时期保存在地层中的植物化石为我们打开了一扇窗，让我们得以窥探其中隐藏的秘密。

古植物学是专门研究植物化石的一门学科。古植物学研究的主要内容包括对化石进行分类鉴定和科学命名，探讨植物的起源演化、环境指示和地层学意义，等等。除了学术研究，古植物学在找矿、划分矿产地层方面也具有重要的应用价值。要想打开古植物学这扇神秘之门，必须先拿到一把神奇的钥匙，这把钥匙就是"将今论古"的思想方法。什么是"将今论古"呢？它是指在古植物研究过程中，科学家通过对现代植物的认识去反推古代植物演化发展的条件、过程及特点等的类比方法。这是古植物学研究中最基本，也是最主要的方法之一，又称为"历史比较法"。

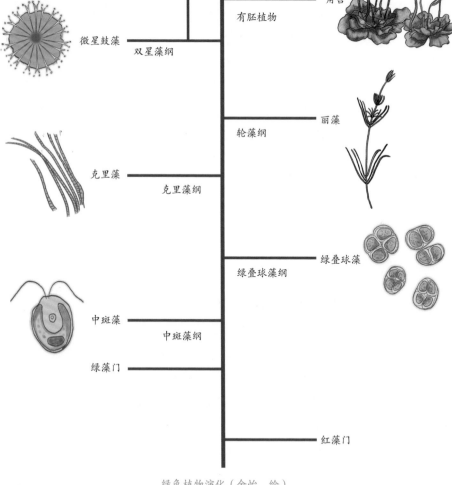

鞘毛藻

鞘毛藻纲

木兰

微星鼓藻

双星藻纲

有胚植物

角苔

克里藻

克里藻纲

轮藻纲

丽藻

中斑藻

中斑藻纲

绿叠球藻纲

绿叠球藻

绿藻门

红藻门

绿色植物演化（余怡　绘）

早在我国北宋时期，《梦溪笔谈》的作者沈括就在他的书中记述介绍了一块发现于陕北的"竹笋"化石，并依据当时竹子的生存环境反推出古代陕北地区有着地势低、气候湿润的环境特点。通过后来的考证我们知道，书中记述的所谓"竹笋"化石实际上是中生代一种有节类植物——似木贼化石。中国古人在约1000年前就已经应用"将今论古"思想来认识和探讨古植物及气候，这比西方要早几百年。不过，从真正的学术研究角度来说，我国的古植物学研究主要受西方学术思想影响才逐渐发展起来，起步较晚，至今不过百余年历史。

广西古植物学研究开始于20世纪四五十年代，古植物学家斯行健踏入了广西这一植物化石的神奇秘境，首次系统研究了在平乐二塘发现的二叠纪大羽羊齿植物。后来，随着我国大规模油、气、煤勘探普查工作的开展，广西各地植物化石记录如同星星之火，陆续出现于地质调查报告中，但大多数是简单的报道，并没有进行系统研究。20世纪七八十年代后，中国古植物学研究以燎原之势迅速发展，经过正式发表和系统描述的广西古植物记录大量增加。特别是近年来有关广西泥盆纪植物以及新生代植物的新发现，让我们得以更深入具体地了解广西植物的演化故事。

广西是一个美丽神奇的地方，它像一片丰厚的树叶，飘落在祖国的南疆。广西横跨热带和亚热带，受东南和西南季风影响，气候温暖温润，植被类型多样，植物资源丰富，已知野生维管植物约9500种，居全国第3位。在植物地理学上，广西属于东亚植物界和古热带植物界范畴，特别是古热带植物界的存在，奠定了广西热带－亚热带植物区系的典型特征。按照植物演化规律，广西植物的历史大致可分为 5 个时期，分别是菌藻植物时期、早期陆生植物时期、蕨类植物时期、裸子植物时期和被子植物时期。

8 亿年前的新元古代，广西所在的华南板块位于罗迪尼亚超级大陆的北缘，正淹没于汪洋大海中。这个时期的海洋里，高等生物还未出现。生命正朝着多细胞真核生物方向演化，蓝细菌和各种真核藻类繁盛生长于海洋中。细菌和藻类们像古老的"流浪者"，在古海洋中自由自在地游荡旅行。

4 亿多年前的古生代，广西所属的华夏古陆已经漂移到赤道附近。炎热的气候使一些初露水面的陆地表面干涸、硬化，这为陆生植物登陆创造了条件。植物王国的"小矮人"——苔藓志向远大、兴致勃勃，这个时候已经作为植物界的急先锋，开始了登陆的探索；而以裸蕨为代表的早期陆生维管植物也开始在陆地上开疆拓土，但它们的生长仍然离不开水，因此分布区域十分有限。广西苍梧早泥盆世工蕨植物群就是这个时期的典型代表。

距今 3.6 亿～ 2.5 亿年的晚古生代，陆生维管植物已经能深入内陆地区，并在当时温暖湿润的华北古陆上长出了茂密的蕨类森林，形成了如今的大片煤田。而广西所在的华夏古陆却频繁遭受海侵的影响，因此植物化石发现不多，只在桂北一带早石炭世地层中发现有以石松类、有节类为主要代表的蕨类植物。后期受板块运动影响，广西古地理环境变得复杂多样，植物借机发展起来，现已在广西多个地点发现了二叠纪植物化石。从植物组合上分析，广西二叠纪植物已经具有当时全球四大

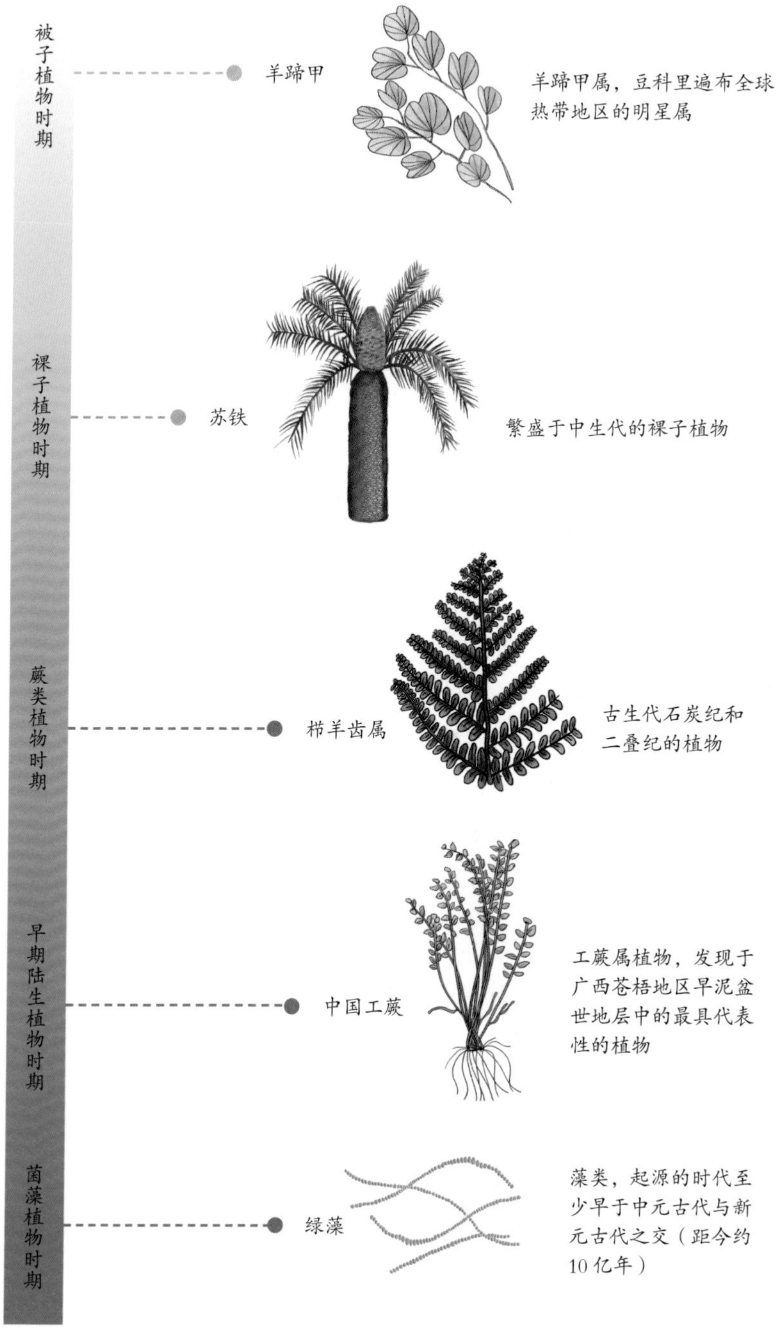

被子植物时期 - - - - - ● 羊蹄甲

羊蹄甲属，豆科里遍布全球热带地区的明星属

裸子植物时期 - - - - - ● 苏铁

繁盛于中生代的裸子植物

蕨类植物时期 - - - - - ● 栉羊齿属

古生代石炭纪和二叠纪的植物

早期陆生植物时期 - - - - - ● 中国工蕨

工蕨属植物，发现于广西苍梧地区早泥盆世地层中的最具代表性的植物

菌藻植物时期 - - - - - ● 绿藻

藻类，起源的时代至少早于中元古代与新元古代之交（距今约10亿年）

广西植物历史时期（余怡　绘）

植物群之一的华夏植物群的典型特征。维管植物成了绿色家园的支柱，成就了蛮荒孤岛上的绿洲。

距今 2.5 亿～ 0.66 亿年的中生代，地球板块运动十分活跃，盘古大陆由合而分，大陆性干燥气候盛行，以种子进行繁殖的裸子植物繁盛起来。广西受强烈印支运动影响，在晚三叠世时全境才抬升为陆地。作为异军突起的"前浪"，裸子植物开始出现在贺州、十万大山一带，从植物组合上可以看出裸子植物已经占据陆地生态系统的重要位置。

0.66 亿年前至今的新生代，地壳活动趋向稳定，气候开始转冷。因中生代末期的生物大灭绝腾出的生态位，迅速被"后浪"被子植物所占据，并开始了大自然的"绿色革命"。此时，广西的海陆格局基本成型，但局部受喜马拉雅造山运动影响，在桂东南及右江两个地带形成了星罗棋布的新生代盆地。植物化石主要发现于这些新生代盆地中，包括百色盆地、宁明（海渊、上思）盆地、南宁盆地、桂平盆地以及南康盆地等。在这些盆地内发现的植物化石中，有神秘的宁明植物群，也有特异埋藏的南宁植物群，还有以桂平鸡毛松为代表的桂平植物群……这些新生代植物群的发现证明了当时被子植物的多样性特征，也奠定了现代广西植物以樟科、壳斗科、木兰科、大戟科、豆科等为主要成分的热带 – 亚热带植物区系特征。

广西的远古植物就像一把神奇的钥匙，为我们打开了地质历史世界的大门。但是，由于植物化石稀缺、研究程度不充分、研究人员偏少等原因，我们目前对广西植物历史的研究还处于艰难的探索阶段，需要发现更多不同地质时期的植物化石，才能全面厘清它们详细的发展脉络。特别是在当前地球温室效应加剧、海平面上升、气候异常、生物多样性锐减等环境问题突显的背景下，如何更清晰、更准确地预测地球未来的发展，成为当今世界各国关注的焦点问题。以古示今、以史为鉴，远古植物的历史将像一座灯塔，照亮地球未来发展之路。亲爱的读者们，请翻开本书，让我们一起去植物化石的远古秘境探险吧！

植物　　　　真菌　　　　动物

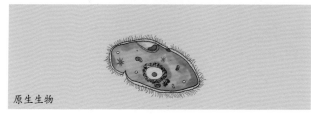

真核生物（有细胞核）

原生生物

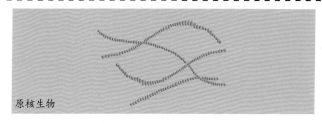

原核生物（无细胞核）

原核生物

魏特克的五界分类系统示意图（余怡　绘）

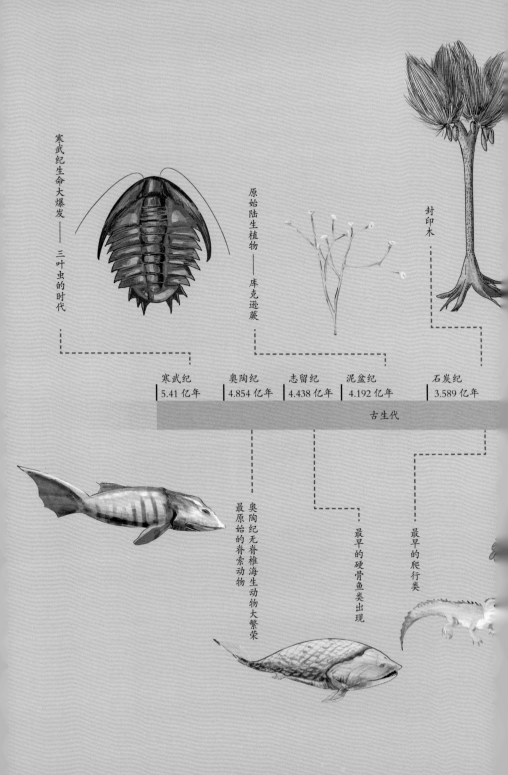

寒武纪生命大爆发 ——三叶虫的时代

原始陆生植物——库克逊蕨

封印木

寒武纪	奥陶纪	志留纪	泥盆纪	石炭纪
5.41 亿年	4.854 亿年	4.438 亿年	4.192 亿年	3.589 亿年

古生代

奥陶纪无脊椎海生动物大繁荣 最原始的脊索动物

最早的硬骨鱼类出现

最早的爬行类

原始鸟类

苏铁植物

人类出现

二叠纪	三叠纪	侏罗纪	白垩纪	古—新近纪	第四纪
2.989亿年	2.5271亿年	2.013亿年	1.45亿年	6600万年	258万年

中生代　　　　　　　　新生代

种子蕨繁盛

恐龙类出现

裸子植物繁盛

哺乳动物及有花植物繁盛

地球演化与生命演化示意图（余怡　绘）

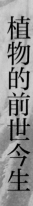

植物的前世今生

　　如果生命是一条长河，让我们沿着这条缤纷的时间之河溯源而上，跨越700多万年前的人类出现，跨越6500万年前的恐龙灭绝，跨越4亿年前的维管植物登陆，一直到大约38亿年前最早的有机生命体诞生。展现在我们眼前的，是一幅神秘奇异的远古画面：荒芜的地球寸草不生，大陆板块还在漂移，火山密布、大肆喷发，滚烫熔岩如火龙肆意游动。后来，原本炽热的地球逐渐冷却，大气中涌动着浓烈的甲烷、二氧化碳、氮气等，唯独缺少了氧气。尽管如此，远古深海之下，最早的有机生命体出现了，生命的乐章由此开启。从古老的"流浪者"——菌藻植物，到植物王国的"小矮人"——苔藓植物，再到绿色家园的支柱——维管植物……透过远古植物化石这扇窗，植物的前世今生在我们面前徐徐拉开进化的大幕。

古老的"流浪者"：菌藻

远古而来的生命

大约 38 亿年前，一种没有细胞核的原核生物——古细菌，像一个个随心所欲的"流浪者"在深海里游荡。它们依靠细胞表面直接吸收周围环境中的养料，因此，即使在缺乏氧气的古海洋中，也能过上悠闲惬意的生活。可惜好景不长，原始海洋中的营养物质逐渐不足，古细菌的发展受到限制，面临巨大的生存压力。寂静的原始海洋里开始了第一次生命间的战斗，古细菌的竞争对手——蓝细菌出现了。

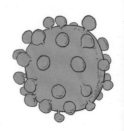

古细菌（余怡　绘）

蓝细菌是一种通过光合作用使原始大气中的二氧化碳大量转化为有机物的自养型原核生物。虽然它们小到仅能以微米来量度，只有细胞壁、细胞质和拟核等简单原始的生命体结构，但是作为早期地球上释放氧气的先驱，它们的光合作用不但突破了生存空间的限制，而且迅速打败了厌氧的古细菌，还将大量二氧化碳转化为氧气，为有核单细胞和多细胞生物的出现提供了保障。二氧化碳含量的下降，自由氧的增多又为原始大气圈的平衡、生物的发展和生物辐射演化创造了条件。同时，海水中氧气的增加，促使海水与火山灰沉积发生了化学反

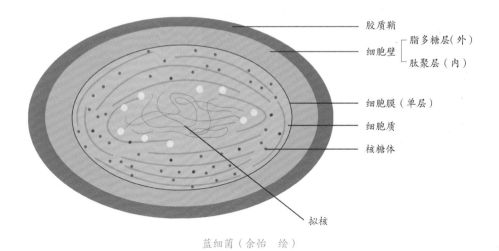

胶质鞘

细胞壁 ┌ 脂多糖层（外）
     └ 肽聚层（内）

细胞膜（单层）

细胞质

核糖体

拟核

蓝细菌（余怡　绘）

应，铁离子大量沉积下来，由此形成了地球大规模的成铁事件，又被称为"条带状铁建造"。我国大规模的鞍山式铁矿，以及国外一些大型铁矿，均形成于这一时期。世界上最早的条带状铁建造形成于 38 亿年前，距今 27 亿年时达到峰值，到距今 18 亿年左右大规模条带状铁建造趋于结束，可见条带状铁建造在地球演化历史上的出现具有不可重复性。

到了距今约 25 亿年的元古宙，蓝细菌空前繁盛，成了海洋和湖泊中的霸主。当时的蓝细菌声势浩大，它们不仅漂浮在茫茫水面上，还以藻席的形式，一大片一大片地栖居于浅水底部，年深日久，形成巨大而厚实的蓝细菌礁。作为地球上最古老的生物礁，层层叠叠的蓝细菌礁如同远古的怪兽巨龙，蜿蜒绵延数十千米，牢牢盘踞在水底，非常壮观，因此，蓝细菌礁又被称为"叠层石"。蓝细菌经历了近 30 亿年的繁盛期，至新元古

辽宁本溪太古代条带状铁矿
（付琼耀　摄）

大连金州的贝加尔叠层石（付琼耀 摄）

江苏埃迪卡拉纪贝加尔叠层石
（付琼耀 摄）

代前夕（距今约7亿年）由盛转衰。

　　此时，广西所在的华南板块位于罗迪尼亚超级大陆的北缘，正淹没于汪洋大海中。这个时期，蓝细菌和各种真核藻类繁盛生长于海洋中。随着它们的大量繁衍，光合作用释放的氧气在大气中逐渐积累，不但改变了大气的成分，而且在地球高空形成了可抵御强烈紫外线辐射的臭氧层。蓝细菌和藻类们像古老的"流浪者"，在古海洋中自由自在地游荡旅行，所以这个阶段可以称为菌藻植物时期。

内共生假说：一对古老的搭档

　　菌藻植物时期的大明星，除了蓝细菌，还有叶绿体，二者就像一对古老的搭档，有着千丝万缕的关系。关于叶绿体的起源，古生物界有着一种假说——内共生假说，即在大约15亿年前，一些大型的具有吞噬能力的原始真核细胞，吞并了原核生物蓝细菌，由于后者没有被分解消化，因此它们从寄生关系逐渐过渡到共生关系，蓝细菌成为宿主原始真核细胞里面的细胞器——叶绿体。20世纪60年代以后，细胞生物学研究证明，在电子显微镜下，植物的叶绿体与蓝细菌极其相似，叶绿体本身也含有 DNA 的核质区，也有片层状结构。科学家还发现，细胞器与细胞整体的关系和自然界的内共生现象非常相似。

如果你想更加了解什么是内共生假说，请看以下两

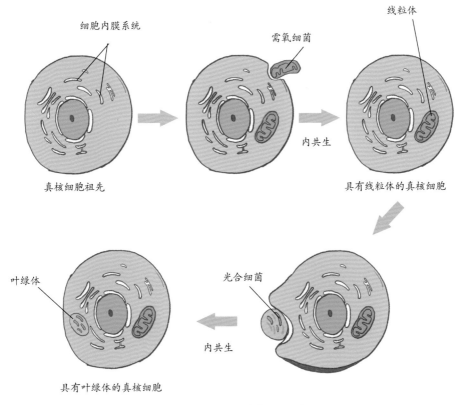

内共生关系示意图（余怡　绘）

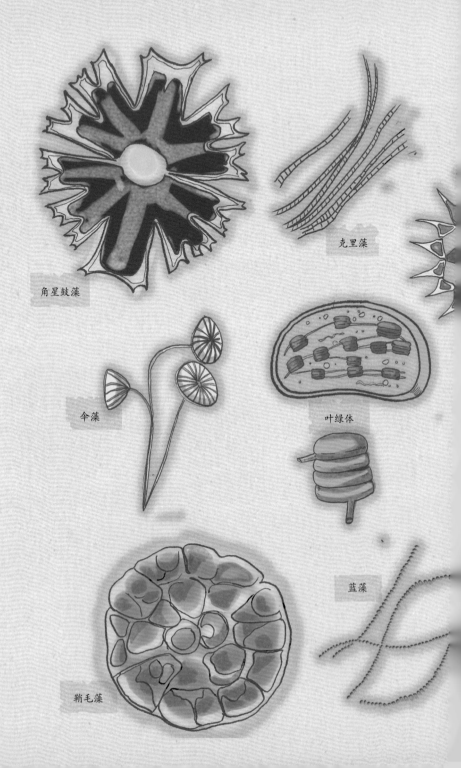

角星鼓藻

克里藻

伞藻

叶绿体

鞘毛藻

蓝藻

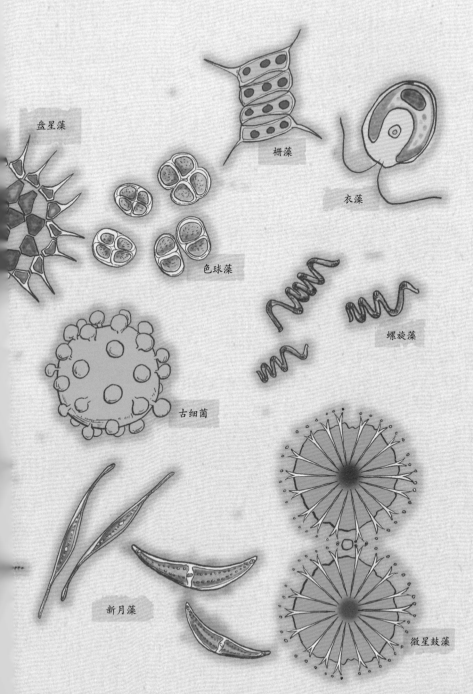

盘星藻

栅藻

衣藻

色球藻

螺旋藻

古细菌

新月藻

微星鼓藻

菌藻群像图（余怡　绘）

个神奇有趣的例子。

动画片《宠物小精灵》里，有一个神奇的精灵——妙蛙种子。你不注意看时，以为它就是一只普普通通的胖青蛙，但只要你仔细观察就会发现，它的背上有一颗绿油油的种子，而且种子会随着妙蛙的长大不断地生长，直到长成和妙蛙的半个身体差不多大小。正因为身上有了神奇的植物叶绿体结构，所以妙蛙种子只要在阳光下懒洋洋地坐着，就可以通过光合作用为自身提供营养和能量。当然，这只是动画片里的想象，自然界中还有更神奇的事情。

大海里有一种叫作"绿叶海天牛"的软体动物，它们喜欢吃海藻、管藻等绿色藻类。当它们伸出尖尖的齿舌，把藻类的细胞壁刺破吸取营养时，藻类的叶绿体也被完整地吸进绿叶海天牛的消化系统中，然后慢慢散布于绿叶海天牛扁平的全身。当绿叶海天牛吃饱喝足，把自己的身体舒展开的时候，看起来就像一片绿油油的叶子，不仅能够躲避天敌，还能高效率地进行光合作用。按照内共生理论，绿叶海天牛与叶绿体之间属于次级内共生关系，因为海藻的祖先已经进行过一次内共生进化，即通过吞并蓝细菌获得了叶绿体。

有了基于叶绿体的"护体神功"，菌藻们沐浴着温暖明亮的阳光大量繁殖，兴高采烈地霸占了古地球的大部分水域，从最初的"流浪者"变成了水中霸主。大约7亿年前，绿色植物的祖先演化为绿藻门（包括大多数绿藻类）和链形植物门（包括一些绿藻类和全部陆生植物）两个分支。链形藻类的后裔——有胚生物，现在占据着陆地上大型植物群落的绝对主导地位。

②绿叶海天牛取食藻类

①绿叶海天牛体型娇小，刚出生的小海天牛呈棕色，半透明，身上缀有红色斑点

含有叶绿体的消化管特写

③绿叶海天牛食用藻类后，能将藻类的叶绿体贮存在自己体内

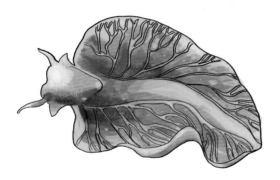

④绿叶海天牛获取到足够的叶绿体后，身体会变为亮绿色，并能利用这些叶绿体制造自身所需的碳水化合物和脂肪等物质

绿叶海天牛（余怡　绘）

藻类的"跨界游戏"

如果说海洋生态系统是一个金字塔，那么藻类就是金字塔底最主要的初级生产者，它是一个极具多样性的生物群体，包含地球上最古老的生命类群。藻类的起源可以追溯到地球生命演化的早期。科学家发现，目前最古老的藻类证据是加拿大北极地区发现的一种红藻化石，以及在我国辽宁地区发现的形态清晰的宏观绿藻化石。这些证据限定藻类起源的时代至少早于中元古代与新元古代之交（距今约 10 亿年）。藻类不仅是生态系统金字塔中的奠基元老，还是在进化关系上跨越原核和真核两界，拥有特殊进化地位的"跨界玩家"。

贵州凯里寒武纪早期球状玛玻利藻（付琼耀 摄）

绿藻是藻类中的"大哥"，成员复杂，来源不明，有的被归在植物界，有的又被归在原生生物界。目前已发现的绿藻约有 8000 种，多为单细胞，但有少数形成群集或长条的丝状。绿藻的流浪地盘很广，有的在海洋，有的在淡水，有的在雪堆、树皮，还有的在乌龟背壳上，很多绿藻还能与真菌、植物或动物在同一个屋檐下和平相处、互利共生。那这位"大哥"凭什么拥有这样的好人缘呢？这就要归功于上文提到过的叶绿体。几乎所有的绿藻都拥有叶绿体，它们含有叶绿素 a、叶绿素 b、胡萝卜素以及叶黄素等色素。绿藻的叶绿体被两层膜包围着，可能是直接由蓝细菌的内共生演变而来。依靠叶绿体，绿藻可以进行光合作用，与其他生物互利互惠，进行能量交换。因此，绿藻真可以称得上是生物史上最有生意头脑的植物。

藻类这位远古而来的"流浪者"，流浪到了现代人类社会，又玩了一次跨界变身游戏。这次，它跨界变身为石油。工业革命之后，人类社会对石油的需要与日俱增，石油是工业的血液，机械化的生产和运输尤其离不开石油。而石油是如何生成的呢？石油生成有机说认为，石油是远古时期海里或陆地大型湖泊中富含脂肪的有机物（藻类等）与沉积物在一定的深度和温度下，通过一系列物理和化学作用，在长期成岩的过程中形成的。它们在地层的生油层中形成原油，然后逐渐运移到储油层中聚集起来，当人们打钻打到储油层时，就可以获取原油。远古时期的浮游藻类，不仅能形成石油，有些还能形成矿床，如硅藻土矿。当它们大量聚集时，能形成几米厚的极为壮观的白色硅藻土，如英国、法国白垩纪所产的硅藻土。它们是重要的工业原料，可用作研磨剂、填充剂、催化剂载体、增光剂、过滤吸附剂等。可以说，远古藻类到了现代，再次以另外的方式和人类共生，继续它的流浪生涯。而它的后裔们，也继续在生物界拓展自己的领域，闯出了另一片天地。

绿藻

植物王国的"小矮人"：苔藓

潘多拉的秘密

著名科幻电影《阿凡达》里有一个神秘的场景：遥远的潘多拉星球上，郁郁葱葱的远古森林中心，生长着一棵纳威族的参天圣树，长长的紫色枝条如瀑布般垂下，神奇的根须细密绵长，深深地扎入大地，并通过满地的苔藓植物向四周无限蔓延。一旦有纳威族人生了重病，女祭司就让患者躺在圣树底下，无数细小坚韧的绿色触须透过树根，密密麻麻地伸展开来，一边发出幽亮的绿光，一边紧紧包裹住患者。与此同时，整片森林沿着绿色根须闪闪发亮，生命的能量在森林、大地和纳威族人之间转换，并得到最大程度的流通。此时最美的风景，不是那棵参天巨树，而是满地闪闪发光的苔藓植物。

其实，神奇的科幻想象都有其科学根源。植物拥有精巧的信号系统和能量传输系统，菌根真菌与苔藓类、与维管植物之间类似丛枝菌根的共生关系，在陆地生态系统中至关重要。它们之间产生的无机元素、碳水化合物等能量转换，直接或间接地对陆生生物产生了深远的影响。而这一切的"中间人"，却是植物王国里最不起眼的"小矮人"——苔藓。

　　说起苔藓的起源，不得不提隐孢子。如同人类社会中的子承父业，高等植物中普遍存在世代交替现象，即植物生活史中孢子体世代和配子体世代交替出现的现象。苔藓植物作为一类不起眼的高等植物，同样也存在世代交替。苔藓植物的世代交替中配子体占优势，孢子体寄生在配子体上生活。这与陆生维管植物的生活史正好相反，所以苔藓植物作为陆生植物的早期分支，被认为是植物演化历史中的盲枝。由于苔藓植物矮小，体内无维管组织，因此能保存为化石的概率很低。而隐孢子——一种被认为是苔藓植物所生产的繁殖孢子，却为我们深入认识苔藓植物的历史提供了依据。作为一种微体化石，隐孢子比苔藓植物体更容易保存为化石。目前发现的最早的隐孢子化石已经可以追溯到 5 亿多年前的寒武纪时期。如果真是如此，那么植物登陆的历史将比我们想象的更早、更久远。这样看来，在陆生维管植物出现之前，苔藓植物已经在地球陆地生态系统中扮演了

苔藓矮林（覃琨　摄）

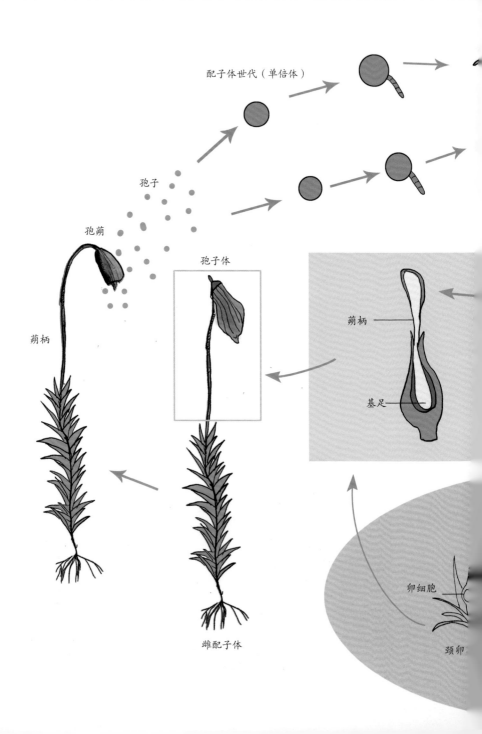

配子体世代（单倍体）

孢子

孢蒴

孢子体

蒴柄

蒴柄

基足

雌配子体

卵细胞

颈卵

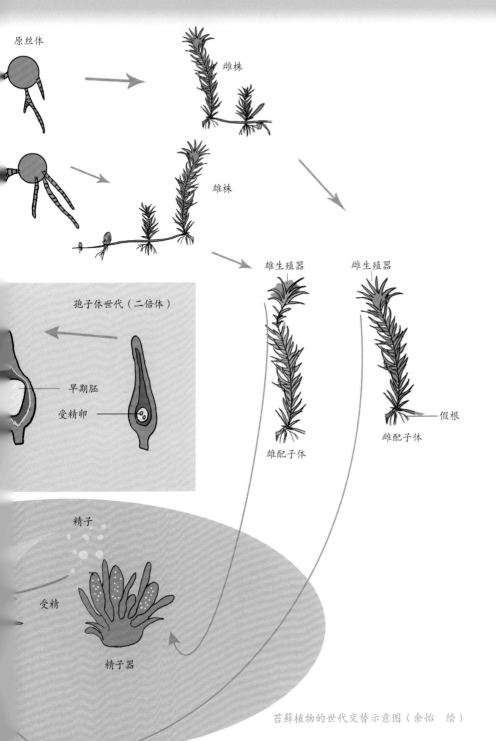

原丝体

雌株

雄株

孢子体世代（二倍体）

早期胚

受精卵

雄生殖器

雌生殖器

假根

雄配子体

雌配子体

精子

受精

精子器

苔藓植物的世代交替示意图（余怡　绘）

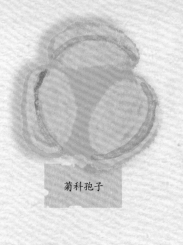

菊科孢子

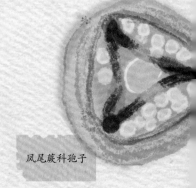

凤尾蕨科孢子

莎草蕨孢子

角苔属孢子

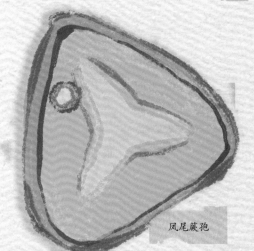

凤尾蕨孢

桦木科孢子

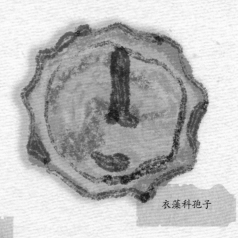

衣藻科孢子

凤仙花孢子

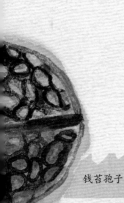

紫菀花孢子

钱苔孢子

落羽杉孢子

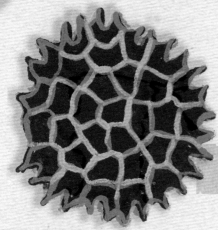

水网藻孢子

植物孢粉群像图（余怡　绘）

重要角色，由它所改造的陆地古土壤为维管植物的出现
奠定了坚实的物质基础。

当大海中的部分绿藻为了寻找更广阔的生存空间而
进入淡水生境中，慢慢进化成苔藓植物，拉开登陆序幕
时，苔藓们甚至还没有真正的根、茎、叶。因为苔藓虽
然从外形上看似乎有根、茎、叶，但是从细胞构成和发
育功能上看，它们只有由单细胞或多细胞构成的丝状假
根，起固着与有限的吸水作用；茎的细胞结构单一，或
略有皮部与中轴的分化，主要起支持的作用；叶通常为
单层细胞，所需水分和养料主要依靠植物体各部分直接
从周围环境取得，与真正的根、茎、叶不同，所以只能
称为假根、假茎、假叶。另外，苔藓又是植物王国中没
有脊椎的"小矮人"，为什么这么说呢？因为苔藓没有
维管组织。维管组织是植物体内的一些管状结构，具有
支撑植物体、输送水分和营养的功能，它就像人类的脊
椎和血管。缺少了维管组织，苔藓就成了长不高的"小
矮人"。但是，苔藓并不因此而自卑自怜，反而用柔弱
细小的假根，以匍匐前进的矮小姿态，悄无声息地爬上
了海边的岩石。从赤道到高纬度地区，从热带到寒带，"小
矮人"苔藓在陆地上滋生蔓延，以顽强的环境适应能力
占领荒滩裸岩、沼泽湿地、极地荒漠等生存环境，以开
疆拓土的姿态奏响了生物进化的新乐章。

认识苔藓家族

别看苔藓是不起眼的小个子，但是它们的繁殖能力
很强。苔藓繁殖主要靠孢子体，孢子体可以产生孢子 ——

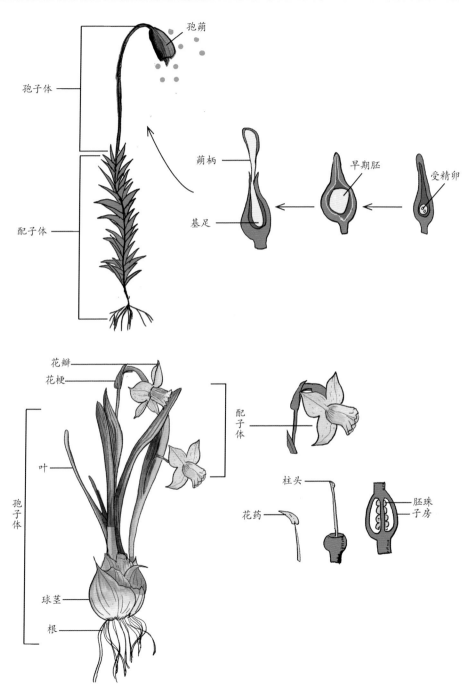

孢蒴

孢子体

蒴柄

早期胚

受精卵

基足

配子体

花瓣
花梗

配子体

叶

柱头

胚珠
子房

孢子体

花药

球茎

根

苔藓植物与种子植物结构对比（余怡　绘）

类似种子植物的种子。孢子数量众多，数量级都是数万到数十万级的。孢子十分微小，会随风飘散四方，一旦遇到合适的环境就会萌发，发育成新的植株。正因如此，苔藓家族的成员遍布世界各地。全世界约有2.1万种苔藓，而中国是世界上苔藓植物种类最丰富的国家之一，全国有3000多种苔藓植物。如此庞大的苔藓家族，都有哪些分类呢？

我们先来认识一下苔藓家族中的"老大"：藓类。藓类在全世界约有1.3万种，中国约有2450种。藓类为茎叶体，辐射对称，小小的假叶密集地围绕着细细的假茎，排列成螺旋状，多数有中肋。孢子体的蒴柄柔韧强壮，大多为绿色、橙色或半透明；顶上的孢蒴色彩丰富，形状各异。人们常常根据假叶或孢蒴的形状来给藓类命名，比如葫芦藓、钟帽藓、金发藓、双色真藓等。

苔藓家族中的"老二"是苔类。苔类在全世界约有7500种，中国约有880种。它和藓类有什么不一样呢？苔类和藓类一样，大多数为茎叶体，但是它们并不是螺旋状的辐射对称，而是翅膀似的左右对称，且假叶上没有中肋。孢子体比较柔弱，蒴柄透明或半透明；孢蒴为棕色或黑色，球形或椭球形。无论是在颜色上还是在形状上，"老二"苔类都更单调内敛，远远不及"老大"藓类那么丰富招摇。

苔藓家族中的"老三"是角苔类。角苔类在全世界约有200种，中国约有20种。角苔类在苔藓家族中是最有辨识度的，因为它们的相貌比较特殊，不容易让人"脸盲"。角苔的配子体为叶状体。孢子体没有蒴柄，常呈针形。简单地说，角苔薄薄的片状身体上，会长出一根细细的直立起来的"角"（即孢蒴），其功能和有

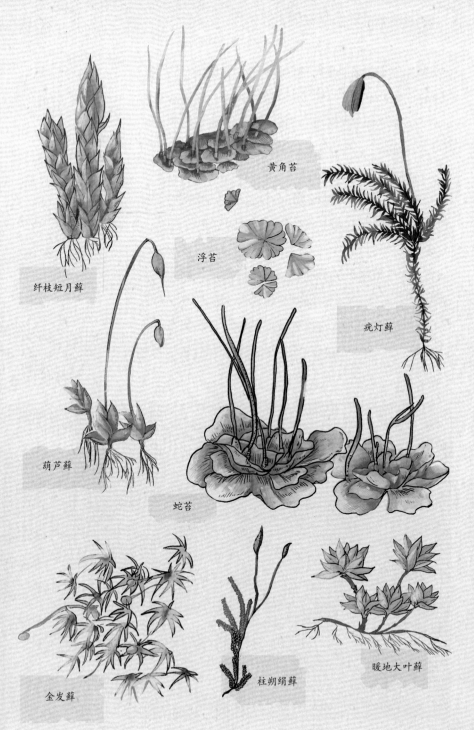

黄角苔

浮苔

纤枝短月藓

疣灯藓

葫芦藓

蛇苔

金发藓

柱朔绢藓

暖地大叶藓

苔藓植物群像图（佘怡 绘）

花植物的果实类似，可以繁衍生息，抢占新地盘。所以说，角苔以它出众的相貌，成了苔藓家族中的"尖角大王"。

　　苔藓植物虽然个体矮小而纤弱，但是在自然界却有着非凡的功绩，直接或间接地影响着人类的生产与生活，可以说是低调的大自然功臣。

　　首先，苔藓是自然界的拓荒者。不管是最初的植物登陆，还是后来的极地生存，苔藓都能"身先士卒"，不断吸收二氧化碳，制造氧气。在努力进行光合作用的同时，苔藓会紧紧"拥抱"坚硬粗粝的岩石，附着在火山喷发出的烟尘碎屑上，用它独特的分泌物，缓慢溶解岩石，加速岩面风化，促进土壤的形成。而苔藓在地面生成的生物结皮中，衰老或死去的苔藓可以继续转变为

附着在岩石上生长的苔藓

养分，让土层加厚，使存水量增加，创造出更有利于生命生存和演化的环境，默默地充当为其他植物开路的先锋。

其次，生长密集的苔藓，如同荒原中的绿洲，能防止雨水冲刷，蓄积水分，保持水土。在沼泽地能繁生成苔原，天长日久，沼泽干涸，促使沼泽陆地化。反之，森林下苔藓的繁茂会使土壤酸性增大，影响树种萌发与林木更新，也能使森林沼泽化。

小小苔藓大世界

从苔藓和其他动植物的共生关系来看，一簇苔藓就像一片茂密的丛林，各种奇异的生物在苔藓中安家。这座微型森林里的居民构成了一个独特的拟态生物群落。比如一身青苔般的苔藓蛙，乍一看你会以为它是在苔藓地上摸爬滚打了一番，实际上这身"迷彩服"是从娘胎里带来的，为的是能更好地在苔藓中隐身；被称为"行走的苔藓"的腐叶螽，喜欢把胖乎乎的身体巧妙地隐身在苔藓散布的树干上。除此之外，还有瘦盘蛛、泥蟹蛛、海南角螳若虫、龙竹节虫、蓑蛾幼虫等各种各样奇异的生物，它们在隐秘的苔藓丛林中趋利避害，以伪装者的姿态保护自己，和苔藓成为互惠互利的合作伙伴，共同打造了一个苔藓与动物的隐秘世界。

此外，苔藓作为人类的老朋友，还具有指示作用、药用作用、景观作用等。指示作用方面，不同种类的苔藓植物，生活环境各不相同，它们结构简单，对环境反应极其灵敏。因此，根据苔藓种类成分及长势变化，可

森林苔藓

以判断该地区的土壤性质、植被类型以及受污染的程度。比如日本科学家就曾经在被核污染的海域收集苔藓，用来研究当地的核污染情况。药用方面，苔藓植物因体内含有多种酚类化合物而常被作为中药使用，古今中外都有将其入药治病的实例。景观作用方面，古今中外都有用苔藓打造舒适环境的做法，现代社会更把苔藓融入艺术创作、城市建设、环境保护等方面，如北极因纽特人的雪屋，苔藓是坚固且保暖的建筑材料；中国杭州苔藓公园万松书院，把苔藓的环保功能与园林艺术融为一体。

越南苔藓蛙（覃琨 摄）

科学家"探藓"记

苔藓研究虽然在我国属于冷门学科，但是一直有热爱科学、追求真理的科学家坚守苔藓研究领域。他们丰富多彩的"探藓"记，不断拓展着苔藓的微观世界，他们卓越的科研成果更是走在了全国，甚至世界的前沿。

张力博士是资深苔藓研究专家和科普教育专家，入行至今三十余年。张力带领的研究团队长期从事苔藓植物多样性调查、研究与科普教育工作，在角苔类的分类和系统学、藓类的无性繁殖、粤港澳大湾区的苔藓多样性研究等方面处于领先地位。其中，拟短月藓的发现是最引人注目的。在《中国生物多样性红色名录－高等植物卷》（2013）中，拟短月藓曾被正式宣布为中国苔藓植物里唯一野外灭绝的种类。2012 年夏天，张力在西藏亚东县的一次野外考察中，发现了拟短月藓并把它带回实验室。为了表彰张力在苔藓多样性领域的杰出贡献，2021 年张力被国际苔藓学会授予葛洛勒奖（Grolle Award）。"不经一番寒彻骨，哪得梅花扑鼻香。" 张力科考团队在多年的野外考察过程中，曾经历过许许多多常人难以想象的困难，风餐露宿、蚊虫叮咬、摔跤迷路都是家常便饭，更不用说遭遇危险的事情。有一次，张力科考团队在香港的一座山上做野外调查，由于没有及时返回，天黑后团队被困在了山上。幸好张力和队友们具有丰富的野外工作经验，他们经过讨论，选择了一个安全的地方等待救援。为了搜救他们，香港的海陆空人员全都出动了。第二天天亮，张力科考团队终于被连夜搜救的警察找到。

绿色家园的支柱：维管植物

维管系统——植物的自我革命

时光巨轮缓缓流转，转眼到了奥陶纪与志留纪之交（距今约 4.4 亿年）。这是维管植物起源和早期演化最关键的时期。如果把地球的生命演化史比作一棵树，那么这棵生机勃勃的参天大树，即将迎来一个非凡的转折。作为急先锋占领了地球部分陆地的苔藓，在竞争阳光的比赛中落败，被迫让出了陆地植物霸主的地位；而维管植物挺直腰杆，上演了一出扬眉吐气的"大变身"，成为整个地球绿色家园的支柱。

那么，什么是维管呢？维管是植物体内一个重要的组织，维管组织由木质部和韧皮部组成，木质部负责植物体水分和矿物质的运输，韧皮部负责植物体有机物的运输。除了运输功能，维管组织还负责植物体的长高长粗，起支撑作用。在系统分类中，具有维管组织的植物被称为维管植物，它包括蕨类植物、裸子植物和被子植物。简单地说，我们日常所见到的植物几乎都是维管植物。

维管植物何时出现？又是何种环境促使了维管植物的兴起？有证据显示，奥陶纪与志留纪之交是维管植物起源和早期演化的关键时期。此时发生了全球第一次生物大灭绝事件，地球环境来了个"大变脸"，全球气温骤降，大陆冰川发育，大范围的冰盖让地球迎来了凛冽寒冬。当时全球海平面下降数百米，直接导致大量海洋生物灭绝。陆地上的植物对温度的变化非常敏感，一些前维管植物因不能适应气候的变化而相继灭绝。然而，自然界经常上演祸福相依的戏码——海平面下降使得大面积的浅海区变成陆地，这为早期维管植物的出现提供了条件和空间。同时，空气中游离氧的浓度达到或接近现在氧气浓度10%的水平，臭氧层在地球上空逐渐形成，减弱了紫外线对陆生生物的破坏，这也算间接为维管植物的出现保驾护航了。

此时，对地球上的生物来说，水生环境日益恶劣，到了"山穷水尽"的地步，陆生环境却是一个"柳暗花明"

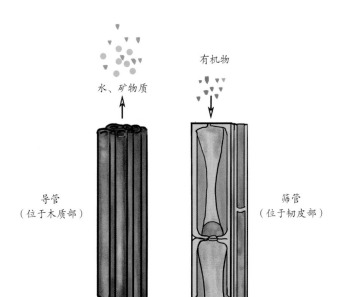

水、矿物质

有机物

导管
（位于木质部）

筛管
（位于韧皮部）

植物的维管系统图（余怡　绘）

的新世界。但是探索未知世界，不仅需要决心和勇气，还需要客观的分析。即将到陆地上生活的维管植物需要面临许多新的环境问题，比如，最大的困难是面临缺水的危险：习惯了水生环境的早期植物类群，不仅需要足够的水分供它们生存，生殖过程也需要水的参与；水生环境温差变化小，而陆地的气生环境温差变化大，陆生植物必须适应这一巨大变化；没有了水的保护，紫外线也是植物要面对的一大挑战；由于空气的浮力比水小，陆生植物失去了水的扶持就必须找到能向天空发展的支持结构。

为了取得新世界的入场券，维管植物必须在自己身上下苦功夫，从外到内，来一场"大革命"。首先是表皮，它给自己换上了一件新雨衣——非细胞、蜡质不透水的新式保护层，能有效地防止水分散失。然后是管胞的产生，这种纵向伸长的细胞能将水分运输到植物体的其他

蓝细菌登陆

真菌和地衣登陆

苔藓植物登陆

维管植物登陆

太古宙	元古宙	古生代

部分，并且木质的细胞死后还能为植物提供物理支持。接着是气孔，植物表面的蜡质外衣密不透风，如何在保水的同时又能让空气进入呢？于是真正的气孔被创造出来。气孔是植物与外界进行气体交换的窗口，微小的孔口由唇形的细胞排列组成，一张一闭控制着气体的进出，并形成水分运输的蒸腾压力。紧接着是在繁殖方面，维管植物的生殖器官——孢子囊所产生的孢子具有特定的三射线，进一步减少了对水的依赖。最后，早期的维管植物还长出了线状的假根，在吸收水分和无机养分的同时，还能像爪子一样将植物牢牢固定在地面上。

总之，聪明的维管植物慢慢发展出了在陆地长期生存所需要的支持系统、运输系统、繁殖系统、气体交换系统及保水保温系统等功能系统。一条条各司其职的管道，通过分工合作，将营养物质和水分从生物体的一个部分转移到另一个部分，这种能力虽然听起来很简

种子植物出现　裸子植物出现

被子植物出现

中生代

植物登陆与演化示意图（余怡　绘）

单，却是维管植物在进化上的一个突破，它使维管植物能够以指数级的速度生长，并具备为养分不足的时期储存营养的能力。当维管植物具备了保持营养和水分的新本领后，它开始向远离水源的内陆地区进军，向广袤的天空肆意生长。此后几千万年，早期陆生维管植物开始分化并占领了广阔的陆地，成为构建陆地生态系统的先驱。

在大约距今 4.3 亿年的早志留世，由于出现了陆生维管植物，植物完成了真正意义上的登陆过程。这给地球陆地生态系统带来了翻天覆地的变化。首先，绿意盎然的陆地为动物登陆创造了适宜的生态条件，植物不仅为动物提供食物，还提供了荫蔽的环境让动物家族发展壮大；其次，植物根与岩石的化学作用改造了陆地表面，形成了土壤，让大地肥沃起来；最后，维管植物高效的光合作用使得大气氧含量不断增加，使大气环境更适宜生物生存。维管植物从出现到快速地辐射演化，形成了种类繁多的植物类群，植物体也从最开始矮小的草本演化到木本，最后长成了参天大树，形成了繁茂的森林。作为生产者，维管植物源源不断地为动物提供食物来源和氧气。陆地从此不再荒芜，地球从此生机勃勃。当今陆生维管植物群的多样性，特别是被子植物的多样性，让维管植物成为主宰地球生命世界最重要的力量之一。

叶子——植物"飞翔"的翅膀

浩瀚无际的植物海洋里，各种各样的叶子在风中翩翩起舞，它们由春夏的嫩绿、浅绿、深绿，到秋天的淡黄、金黄或嫣红，直至深秋、冬日的翩然坠落，回归土地。

牵牛花　　蘋

羊蹄甲

蜜橘

葵花籽

向日葵

南瓜

黄水仙

大蒜

蒲公英

苦瓜

黄连木

辣椒

香蕉　　龟背竹　　小麦

常见植物群像图（余怡　绘）

大大小小的叶子就像植物的一双双翅膀，让植物像鸟儿一样充满了追求自由的渴望。不过，植物毕竟是植物，它们也许永远不能真正地在天空飞翔，但在植物最初成功登陆之后，叶子却是帮助植物走得更远的保障。那叶子究竟是怎么产生的呢？

化石记录显示，在陆生植物起源和叶子出现之间，存在很长的时间间隔，至少在最初的4000多万年里，陆生植物是没有叶子的，或只有小的、刺状的附属物。起初，及膝高的乔木和灌木遍布陆地，它们在没有叶子的情况下，通过光秃秃的树枝和枝杈进行光合作用，这种生活方式持续了3000万年左右。后来，在接下来的1000多万年里，事情逐渐发生了缓慢但令人惊喜的变化。陆生植物的早期演化既是对空气环境的改善，也是对土壤和岩石的征服。叶子是维管植物在适应陆地生活的过程中逐渐进化出来的，是植物演化史上最重要的革新之一。

我们先来看看叶子究竟是什么。叶子是植物登陆后为了适应气生环境、加强光合作用而形成的一种结构。在植物学上，叶子指的是开始于茎干顶端、侧面的突起，之后成为茎轴上的普通侧生附属物。叶子是一种有限的器官，也就是说它们长到一定程度就不会再长了。叶子具有植物获取阳光、进行光合作用所需的细胞和生化机制，就像无数的太阳能电池阵。尽管自然界中有各种形状和大小的叶子，但所有的叶子都遵循相同的蓝图结构——悬臂式叶片，而且有充足的理由：叶子表面既要足够硬挺以抵挡重力的拉拽，又要足够柔韧以避免强风的破坏，同时，它们还需要扁平的表面来进行光合作用，而

各类叶子形态图（余怡　绘）

悬臂式叶片这种精妙的设计解决了植物面临的工程困境。

德国植物学家齐默尔曼将化石证据和植物形态学理论整合在一起，提出了他的学术成果——顶枝学说。顶枝学说描述了叶片如何通过四个主要的步骤进化产生，每一步都代表着一次真正的进化创新，并且随着时间的推移在不同的植物类群中反复出现。以莱尼燧石化石为代表，其变形始于植物茎的简单三维分支结构。到了第二步，主茎长出侧枝，而中心轴不再进一步分权。于是，侧枝全部分散在同一空间平面内，基本上呈现出扁平的外观（扁化）。这种过渡形态为叶片进入最终的进化阶段——蹼化和并合铺平了道路，即将各段扁平的侧枝用薄壁组织连接起来。扁平叶片在几个植物类群中分别进化产生，由此看来叶片进化过程中的三个变形步骤——扁化、蹼化和并合曾在陆地植物的进化史上多次出现。

最有代表性的是始叶蕨，发现于中国文山壮族苗族自治州早泥盆世坡松冲组地层。始叶蕨的植株一般高70～80厘米，茎粗，直径不超过3毫米，等或不等二歧分枝。令人惊奇的是，在这么古老的年代里，如此原

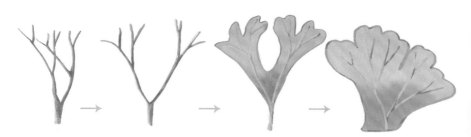

顶枝学说示意图（余怡　绘）

神秘的泥盆纪早期维管植物——优美始叶蕨复原图（余怡 绘）

始的植物茎轴顶端或侧部却生长着真正的叶子。尽管叶子非常之小，长也不过 5 毫米，前宽后窄呈扇形，但它却有着多次分叉的脉序和片化的结构。始叶蕨的发现表明，在陆地被成片的植被覆盖之前，距今 4.11 亿～ 4.07 亿年的早泥盆世，经历了漫长的演化发展之后，具叶子的植物已经挺立在地表了，这远比人们想象的要早。它们长着微小的叶片，而直到 4000 多万年后，叶片才在全世界的陆生植物中变得普遍。

关于叶子的产生，还有一种二氧化碳饥饿假说。简单地说，部分科学家认为，在早期植物出现时，大气中二氧化碳水平很高；随着植物的光合作用大爆发，二氧化碳水平迅速下降。正因为如此，在二氧化碳饥饿压力的逼迫下，叶片出现了，并且随着植物气孔数量的增加，慢慢从小变大。当然，不管是齐默尔曼的顶枝学说，还是二氧化碳饥饿假说，都只是叶子缘起的一家之言，它们反映了科学家们对叶子产生原因的不懈探索。

总之，叶子的出现促进了大气中氧气的循环和积累，以及二氧化碳的循环和固定；大气组成的变化又深刻地影响了气候。叶子通过光合作用产生的碳水化合物是陆生生物食物链的基础，为其他陆生生命演化创造了条件。

种子——植物基因的宝藏

在被深蓝海水和冰天雪地包围着的挪威斯瓦尔巴德群岛上，有一座神奇的建筑物，它的入口顶部点缀着由各种各样的不锈钢薄片、玻璃制作而成的分色镜、多棱镜，无论是在明亮的夏季极昼，还是在黑暗的冬季极夜，它都像最璀璨夺目的宝石，闪耀着人类的智慧。它，就是斯瓦尔巴德全球种子库。有人称它为"末日种子库"，也有人称它为"植物界的诺亚方舟"。它能够储存15亿粒种子，足以应对人类目前所能想象到的所有灾难，可以说是名副其实的"种子方舟"。

"一个物种影响一个国家的经济，一个基因关系到一个国家的兴盛。"已故著名植物学家、中国科学院院士吴征镒教授曾于1999年8月8日致信时任国务院总理朱镕基，呼吁尽快建立中国自己的种子库。2005年，中国第一座国家级野生生物种质资源库——中国西南野生生物种质资源库正式开工，2007年建成并投入运行，现已具备强大的野生植物种质资源保藏与研发能力。中国西南野生生物种质资源库位于昆明北郊黑龙潭风景区内的中国科学院昆明植物研究所里。作为亚洲最大、世界第二大的野生生物种质资源库，它是唯一建立在生物多样性热点地区的种质资源库，具有综合性（种子库、离体库、DNA库、动物库、微生物库等兼备）和高效性等优点，并成为与斯瓦尔巴德全球种子库、英国"千年种子库"、美国国家植物种质资源库（NPGS）等齐名的全球植物多样性保护翘楚，在国际生物多样性保护行动中占据着举足轻重的地位，被称为"中国植物的诺亚方舟"。

广西是我国南方重要生态屏障，在这23万平方千米的土地上已知高等植物9494种，野生脊椎动物1906

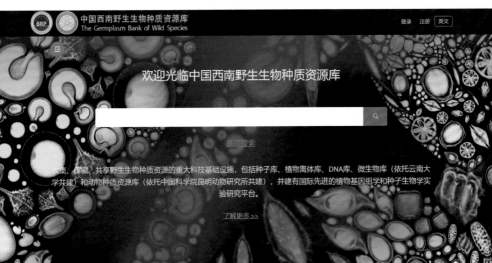

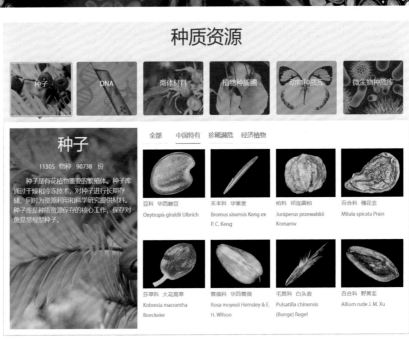

中国西南野生生物种质资源库网站截图

种，生物多样性丰富度居全国第 3 位。近年来，广西
构建了较为完善的自然保护地体系，强化物种保护，保
护了 90% 以上的陆地生态系统类型、82% 的国家重点
保护野生植物种类；并建立动植物园，物种种质基因库
（圃）、保存库等，保存了 6 万余份作物遗传资源。

　　种子如此重要，种子的出现更是维管植物进化史上
的里程碑事件。在种子出现之前，很多植物比如苔藓类、
石松类、蕨类等，都是靠孢子繁殖后代的。孢子成熟之
后像无数微小的精灵，随风起舞，顺水漂流，遇到合适
的地方就可以生长。但是孢子繁殖的缺点是，对环境的
依赖，特别是对水的依赖程度高，抵抗不利环境的能力
不够强。而种子是多细胞构造，一般外面有坚硬的外皮
（果皮或种皮），内含丰富的营养。许多种子还由于种
皮不透水或不透气，可暂时像某些动物一样处于休眠状
态。因此，种子具有抗寒、抗高温和适应不利环境的能力，
比孢子具有更强的生命力。植物像保护祖传的珍宝一样，
把基因蓝图藏在了种子里，让种子用各种更好的方式，
走向更远的地方。

　　植物最早的种子是什么样子的？这不得不提阿诺德古
籽。1968 年，美国科学家根据采自宾夕法尼亚州晚泥盆
世地层的化石，研究了具有杯状结构的种子，定名为"阿
诺德古籽"。这种化石的重要性在于，它是当时发现于泥
盆纪的具有裸露种子的第一个植物化石记录，也可称为最
原始的种子化石。阿诺德古籽的胚珠成对着生于掌状托斗
下部的左右枝头上，且在同一个珠柄上。珠被上部分裂为
裂片，裂片合拢形成珠孔管，大孢子囊（珠心）中有四个
大孢子。虽然我们不确定结阿诺德古籽的神秘植物到底是

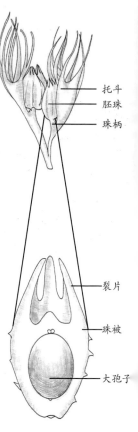

托斗
胚珠
珠柄

裂片
珠被
大孢子

阿诺德古籽复原图
（余怡　绘）

什么，但却几乎可以肯定它属于某种古老的种子蕨植物。

种子蕨，顾名思义指的是一类叶子长得像真蕨，但常在叶片顶端或轴上生有种子，茎的内部构造又似苏铁的植物。由于种子等生殖器官很难被发现，而只通过叶片又无法将它与真蕨植物区别，因此种子蕨的分类通常是依据叶片特征建立的形态属。种子蕨始见于晚泥盆世，繁盛于石炭纪至二叠纪，灭绝于中生代晚期。种子蕨是介于蕨类植物跟裸子植物之间的一个极其重要的植物过渡类型。有些古植物学者认为种子蕨是许多现代裸子植物的起点，它和裸子植物亲缘关系更近；也有人认为种子蕨是被子植物的祖先，因为种子蕨的托斗与被子植物

种子蕨复原图（余怡　绘）

胚珠的外珠被同源。目前来看，认为种子蕨属于裸子植物的占大多数。种子蕨的出现，让人们更好地看到了蕨类植物与种子植物间的关系。而植物繁殖方式从孢子到种子的转变，让植物彻底摆脱了对水的依赖，可以扩展到大陆腹地更广阔的地方。

种子发展到现代，已基本定型。不同植物种子的形状大小各不相同，但大部分都由三部分组成——种皮、胚、胚乳。种皮是种子的保护层，把胚保护在里面使它不会失水风干。胚是种子最重要的部分，可以发育成完整的植物体。胚乳是种子储存养料的地方，不同植物种子的胚乳中所含养分各不相同。在传播后代方面，种子可以说是"八仙过海，各显神通"。

在植物的前世今生中，广西植物和其他植物一样，

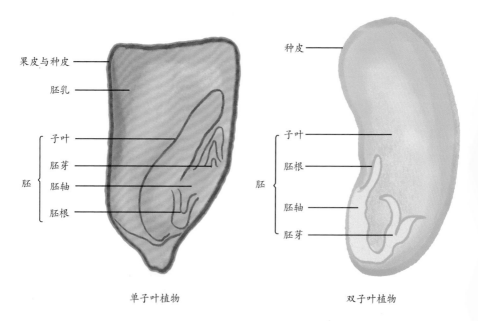

单子叶植物

双子叶植物

种子结构图（余怡　绘）

都经历了漫长的演化之路。研究表明，广西境内最早的植物化石是距今8亿年（前寒武纪）的一些球形藻类化石，当时它们在广西的半深海中生长繁衍，就此拉开了广西植物演化的历史帷幕。

在经历了一系列地壳运动之后，地球环境发生了巨大的变化。4亿年前，半陆生原始裸蕨类植物出现并脱离水环境成功登上陆地，进而发展出大面积的联合蕨类森林；2.5亿年前，蕨类和苏铁类、银杏类植物开始在南宁西侧的西大明山－大瑶山古陆、桂北的雪峰古陆生长繁盛；258万年前至今，广西经历多次气候环境干湿交替的变化，植被类型也从热带稀树草原到热带常绿季雨林循环发展，最终形成了今天的植被景观。

广西境内有丰富的植物化石记录，宁明、南宁、桂平、北海等地均发现有植物化石。其中，宁明盆地发现的植物化石多样性显著，具有重要收藏价值和研究价值。该化石点位于宁明县城郊，目前已发掘出大量的植物化石，现保存在广西自然博物馆中。

广西自然博物馆（付琼耀　摄）

"高射炮"式弹射传播

弹射传播是植物借助自身的力量进行种子传播的一种方式。如我们常见的豆荚类和喷瓜、凤仙花，当它们的种子成熟后，干燥而坚硬的果皮在骄阳烘烤下，常常"啪"的一声爆裂，种子就会像飞出枪膛的子弹，被弹射到远处。

蒲公英的种子

"自由飞翔"式传播

即依靠风力传播，这是一种常见的种子传播方式。有些种子会长出形状如絮或羽毛状的附属物，这类附属物在传播时就像翅膀，能带着种子乘风飞行。例如菊科植物蒲公英的瘦果，成熟时冠毛展开，像一把降落伞，随风飘扬，把种子散播到远方。

"水上漂"式传播

　　靠水传播的种子其表面一般为蜡质，不沾水（如睡莲），果皮含有气室，比重比水低，可以浮在水面上，经由溪流或洋流传播。这些植物一般生长在水边，种子都有坚硬的外壳。成熟后掉到水中，随波漂荡，被冲到岸边后生根发芽。例如莲子、芡实，以及世界上最大的种子——海椰子。在海南有许多椰子树，挂在树上的大椰子是果实，也是种子。由于有坚硬的外壳，椰子就算掉到海里也不怕，放心大胆地跟着海水飘荡，只要碰到一片平缓的海滩，它就会想方设法生根发芽，长成一棵新的椰子树。

"抱大腿"式动物传播

　　这种方式主要是依靠人或动物进行种子传播。有些种子的外皮生有刺毛、倒钩，或能分泌黏液，只要轻轻一碰，就会立即粘附到人的衣服或动物的毛、羽上，再充分发挥它们"抱大腿"的深厚功力，随着人或动物的运动传播到远处，例如苍耳、狼尾巴草、鬼针草等。

苍耳

椰子

种子的主要传播方式（余怡　绘）

蛮荒孤岛上的绿洲：古生代的植物

广西素以山水闻名天下。千万年来，流水不断地冲刷，溶蚀着大地上的石灰岩层，流水与大地之力，为广西带来了惊艳的喀斯特地貌，造就拥有了极致的山水画卷。明朝著名"驴友"徐霞客在游记中记载：广西有的地方"千峰万岫，攒簇无余隙"，有的地方"离立献奇，联翩角胜"，有的地方"土石间出，土山迤逦里间，忽石峰数十，挺立成队"，有的地方则"石山点点，青若缀螺"。在群山万壑中，"长松合道，夹径蔽天""连云接嶂"。受亚热带季风气候影响，广西的植物资源非常丰富，目前发现野生植物288科1717属8562种，数量在全国各省（自治区、直辖市）中居第3位，其中有国家一级重点保护植物37种，包括金花茶、银杉、桫椤、擎天树、伯乐树等。广西，这样一个适合万物生长的"聚宝盆"，在古生代又是什么样子的呢？

泥盆纪植物：工蕨植物群

泥盆纪的"多国演义"

在莽莽苍苍的古生代，万籁俱静，海水苍茫，但是沧海桑田的变化一刻不停。古生代时，华南板块在古地理上位于冈瓦纳大陆的东北边缘，由华夏和扬子两个陆块在新元古代时期拼合而成，两个陆块之间分布有广泛的陆表海。广西运动之后，华南的海侵开始。在这里大家要注意，海侵并不是大家想象中的海水入侵。海水入侵指滨海地区人为超量开采地下水，引起地下水位大幅下降，海水与淡水之间的水动力平衡被破坏，导致咸淡水界面向陆地方向移动的现象。而海侵又称"海进"，指在相对短的地史时期内，因海面上升或陆地下降，造成海水对大陆区侵进的地质现象。海侵强调海水在陆地表面的扩张，时间尺度更长，区域范围更大。4.1亿年前，华南板块海岸线处于越南北部、广西中部和湖南南部。3.8亿年前，海岸线东移到湖北东部、湖南东部和江西西部。到了3.5亿年前，海岸线进一步移动到江苏东部、江西东部、广东中部和香港。到这时，华南板块绝大部分地区都已被海水淹没。

到了号称"鱼类时代"的泥盆纪，海洋中已经开始上演精彩纷呈的"多国演义"：鱼类或卧薪尝胆，或十年磨一剑，不仅种类繁多，还诞生了海洋霸主邓氏鱼；菊石另辟蹊径、夹缝中求生存；提塔利克鱼破釜沉舟、初涉陆地……相对于海洋的热热闹闹，陆地上显然安静很多。但是安静不等于沉默，陆地上的植物也没有闲着，用沉默是金的低姿态一刻不停地扩张着自己的领地。自从志留纪维管植物开始登陆之后，植物仿佛来到了天堂，早期蕨类植物中的裸蕨类呈飞跃式发展。中 – 晚泥盆世先后演化出石松类、木贼类、真蕨类，它们迅速占领陆地并逐渐改变着地球环境。在整个泥盆纪期间，植物的繁衍使得大气中二氧化碳含量降低到最初的十几分之一，随之氧气浓度越来越高，接近于现代水平。广西是中国南方海相泥盆纪地层最发育的地区之一，也是中国泥盆纪地层研究程度较高的地区之一。广西泥盆纪地层分布相当广泛，且生物化石门类丰富，尤其以泥盆纪早期维管植物的发现最为引人注目。

近年来，中国古植物学家们在广西苍梧地区早泥盆世地层中采集了四百余块植物化石，这些植物化石保存在灰白色泥岩及泥质粉砂岩层中，以压型和印痕保存为主，未见保存有解剖结构的矿化标本，地质时代为早泥盆世，距今约 4 亿年。采集到的植物化石以中国工蕨为主，其中包含中国工蕨、紧贴扁囊蕨、拟莱尼蕨类、石松类等多种植物类型。这些早期植物为我们真实还原了 4 亿多年前广西陆地上的环境样貌。

广西古生代植物生态复原图（霍秀泉　绘）

植物登陆"军团"

志留纪至泥盆纪的过渡时期，广西所在的华南板块正处于近赤道低纬度地区，适宜的气候条件为维管植物的多样化提供了有利的条件。最初的维管植物是个无根无叶的"小矮人"，在二歧分枝（即主枝与次级枝大致呈 Y 形）的顶端着生有球形的孢子囊，比如最早的陆生维管植物顶囊蕨（又称"库克逊蕨"）。对植物来说，阳光是最重要的生存资源。当水边的湿地挤满了各种苔藓植物后，好比矬子里面拔将军，那些稍微高大一点的植物就可以伸展到竞争者的上方，拦截光线。在轰轰烈烈的阳光争夺战中，有利于长高的基因代代累积，最终造就了全新的陆生植物——蕨类植物。顶囊蕨和工蕨就是其中的代表，尽管它们只在横走的地下茎节处生长着一些细弱的根须，也没有演化出叶片，只用光秃秃的茎就完成了光合作用，生殖器官孢子囊则生长在茎的顶端，但它们却是第一批在陆地上直立生长的绿色植物。

顶囊蕨复原图
（余怡 绘）

莱尼蕨类被认为是最原始、最早登陆的维管植物之一，它的结构非常简单，个体微小，茎干二分杈，非常纤细，直径往往还不到 1 毫米。莱尼蕨类最早发现于英国苏格兰的莱尼燧石层中，以硅化保存为主。自莱尼蕨类被报道以来，其化石产地除了英国以外屈指可数。广西苍梧早泥盆世植物群以工蕨类占据优势，通过对前人认为是工蕨根部的化石进行了重新观察，科学家识别出了保存有顶生孢子囊的莱尼蕨类植物——拟莱尼蕨。这是莱尼蕨类首次在欧美古陆以外的陆块被发现，对于探讨早期陆生植物的演化以及早期的古植物地理分区具有重要意义。

拟莱尼蕨复原图
（霍秀泉 绘）

中国工蕨复原图
（霍秀泉　绘）

紧贴扁囊蕨孢子囊穗复
原图（霍秀泉　绘）

苍梧蕨属复原图
（霍秀泉　绘）

中国工蕨是发现于广西苍梧地区早泥盆世地层中最具代表性的植物。早在 1977 年，古植物学家就已经在苍梧发现并描述了中国工蕨。但因当时缺乏对中国工蕨孢子囊形态的描述，故对中国工蕨的形态缺乏整体认识。直到后来，古植物学家又在同一地点采集到更多、更完整的化石标本，中国工蕨的完整植株形态才得以清晰呈现。其形态学特征为丛状的小型植物，密集蜿蜒的地下茎轴构成了根状区域。长在地面的拟根茎部分，常常出现工字形的分枝，这也是它名字的由来。地上茎轴光滑无叶，靠近地面的部分通常呈 K 形或连续的不等二歧分枝。孢子囊穗由疏松螺旋排列的孢子囊构成。孢子囊正面观呈梨形或扇形，侧面观呈纺锤形至椭圆形，由不等的两瓣组成，远轴瓣大于近轴瓣。孢子囊凸起边缘可见清晰的开裂线，在中间最宽，向两侧逐渐变窄，直到与囊柄连接处消失。现在认为工蕨是现代石松的远祖，它们共同组成小型叶植物这一分支。工蕨类作为早期陆生维管植物广泛分布于早泥盆世全球不同的古大陆中，并在华南板块的植物群中扮演着统治地位，所以这一时期华南地区植物群被称为工蕨植物群。在广西苍梧工蕨植物群中不仅有中国工蕨，还有紧贴扁囊蕨、拟莱尼蕨和施魏策苍梧蕨等。这些早期维管植物的出现说明当时的广西陆地孤岛上有着一片绿洲。广西苍梧工蕨植物群在古地理区系上隶属于华南板块的华夏亚区，而同属华南板块上扬子亚区的云南发现了 15 种不同工蕨属植物，是真正的工蕨植物多样性的中心。

苍梧蕨属是 2000 年前后发现于广西苍梧地区后建立的新属，它的标本很少，以至于目前我们还并不知道整个植株长啥样。透过不全的标本，我们发现苍梧蕨有一个很特别的侧向分枝系统，在一根主干上伸出四个呈螺旋状排列的侧枝，由侧枝末端分化出很多细长的末级裂片。这些末级裂片是什么？是它的繁殖器官还是营养器官？目前还无从知晓。因为在这些裂片里并没有发现繁殖孢子。因为所获得的信息太有限，所以对苍梧蕨的亲缘关系和植株的生活形态还无法确定，但可以确定的是，这种独特的分枝系统是已知早期陆生维管植物属种所不具备的，所以苍梧蕨应该是一个新的植物类型，它的出现也丰富了广西苍梧工蕨植物群的多样性。

透过已发现的植物化石，我们似乎可以看到：在遥远的早泥盆世，已经成功登陆的中国工蕨、苍梧蕨等植物先驱率先占领了古海岸和古河岸边的陆地，并以此为据点，慢慢向远方的大地蔓延。"草色遥看近却无"，韩愈描写初春绿意的古诗恰好也可以描绘当时苍梧工蕨植物群的美丽。在被远古海洋包围的广西，这一小片薄薄的绿色虽然很柔弱，在浩浩荡荡的古海洋、古河流面前显得微不足道，但它们却是未来占领广大陆地的"桥头堡"。在不远的将来，广西大地上将会出现第一批远古森林，而这片稀疏的

广西苍梧早泥盆世生态面貌复原图（霍秀泉　绘）

绿意，终将变成一望无际的绿色海洋。

维管植物在中－晚古生代的辐射演化被认为是地球陆地环境变化最重要的驱动因子。从辐射演化上看，维管植物成功登陆，遍布岩石的陆地上随之发生了一次微妙的变化，那就是土壤诞生了，植被变得越来越繁茂了。到了早泥盆世，早期维管植物中的瑞尼蕨类、工蕨类、三枝蕨类快速演化分异。随后，维管植物进入了蓬勃演化发展阶段，石松类、楔叶类、真蕨类和种子植物相继出现，大地也就有了蓬勃生机。终于，在距今大约3.5亿年的泥盆纪中晚期，地球上第一次出现了森林。原始的远古森林是怎样的一种景象呢？通过对美国纽约州北部吉尔博泥盆纪树桩化石的研究，我们知道在遥远的泥盆纪晚期，木贼类、羊齿类、石松类等远古蕨类植物已经占据了干燥严酷的高地陆生环境，组成了茂密的原始雨林。30多米高的封印木像一把把长柄巨伞，它长到27米左右时，树干才开始分权，1米长的叶子只长在树干顶端。各种高大的蕨类植物一起争夺着清新的空气、灿烂的阳光和湿润的土地，河流环绕着它们，沼泽依托着它们。这个充满勃勃生机的植物天堂，虽然还没有五彩缤纷的繁花点缀，但是那一片深深浅浅的绿色，昭示了当今陆生维管植物群多样性的格局已基本构筑完成，维管植物成了主宰地球生命世界最重要的力量之一。

全球化石记录显示，泥盆纪晚期大量高大蕨类和原始石松类等维管植物出现并形成的森林，被认为是引发全球第二次生物大灭绝的始作俑者。森林促进了大陆的风化作用，陆源营养物质不断输入到海洋中，使得海洋藻类大量繁殖和有机碳埋藏增加，驱动大气二氧化碳浓度下降和气候变冷，海洋生物又一次遭受重创。

华夏植物群：大羽羊齿植物

古陆探秘——植物群里的"四大家族"

在古植物学领域，在某一地区特定时间段普遍存在的植物组合，一般会称为"某某植物群"以代表该地区植物的面貌特征。说到"华夏"，通常是作为中国的别称使用，我们生活在华夏大地，我们都是华夏儿女。而在地质历史上，中国所在的古大陆被称为"华夏古陆"。华夏古陆源自美国地质学家葛利普在其著作《中国地层学》一书中使用的"华夏古陆"一词。其后，瑞典古植物学家赫勒在 1935 年首次提出"华夏植物群"这一概念，用来代表在东亚地区发现的晚古生代古植物群。晚古生代全球同时存在有四大植物群，就像赫赫有名的"四大家族"，它们分别是欧美植物群、安加拉植物群、冈瓦纳植物群以及华夏植物群。其中只有冈瓦纳植物群位于南半球，其余都位于北半球。四大古植物群其实都是以各自所在的古大陆来命名的。由于分属不同的古大陆，导致它们在植物组成上出现了明显的区别。当然，这四大植物群并不是完全隔绝的状态，而是相互间有植物的交流，存在一些共同的分子。这也从侧面证明了当时各大陆之间的连接情况。

　　为了让大家有更清晰的认识，先对四大植物群进行简单的介绍。

　　欧美植物群：主要分布在欧洲和北美等地，是欧美古陆上生长的植物组合。这一植物群常见类群包括鳞木属、窝木属、芦木属、稀囊蕨属、单羊齿属、美羊齿属、羽杉属、苏柏羊齿等。该植物群当时位于赤道附近的低纬度地区，与华夏植物群在面貌上具有一定的相似性，植物组成指示一种季节性热带气候特征。

　　安加拉植物群：主要分布于西伯利亚板块和哈萨克斯坦板块，因当时的安加拉古陆而得名。这一植物群常见类群有安加拉木属、准安加拉羊齿属、安加拉叶属、安加拉皮木属等。由于该植物群位于北半球高纬度地区，因此其植物组成指示了一种温带气候特征。我国也有安

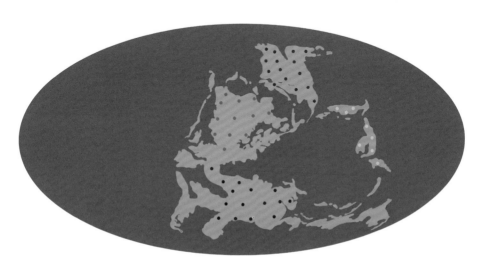

●　欧美植物群　　　●　安加拉植物群　　　●　冈瓦纳植物群　　○　华夏植物群

晚石炭世全球四大植物群分布区域图（余怡　绘）

加拉植物群，主要分布在新疆、甘肃、宁夏、黑龙江、内蒙古北部等地区。

冈瓦纳植物群：主要分布在大洋洲、南美洲、南极洲和印度、南非。这些地区原来都是冈瓦纳古大陆的一部分，故这些地区发现的植物群被称为冈瓦纳植物群。其常见类群有舌羊齿属、恒河羊齿属、冈瓦纳羊齿属、似扇叶属、箭羊齿属等。这一植物组合指示了一种温带气候特征。而我国西藏南部、云南西部地区原来也是冈瓦纳大陆的一部分。

华夏植物群：主要分布于中国和朝鲜，向东可扩展至日本，向南可达马来半岛，向北到达中国东北部，向西可至沙特阿拉伯、伊拉克等地。当时的华夏古陆位于北半球赤道附近，是由一群四面环海的陆块组成。我国是华夏植物群生长最典型的地区，也是华夏植物群起源的中心。华夏植物群中的特征性属，包括华夏木属、瓣轮叶属、束羊齿属、织羊齿属、编羊齿属、华夏羊齿属、单网羊齿属、大羽羊齿属等，其中还包括一些地方性分子，比如猫眼鳞木、椭圆斜羽叶、大宝侧羽叶、太原栉羊齿等。华夏植物群指示了一种赤道附近低纬度地区的热带气候特征。

华夏植物群的发生与演化是一个逐渐演变的过程，时间从晚石炭世早期到早二叠世晚期。早石炭世时，由于全球气候分异不明显，在地球上广泛分布着拟鳞木植物群。后来，随着气候分带和环境变化加剧，拟鳞木植物群逐渐退出历史舞台。华夏植物群就是在拟鳞木植物群的基础上开始分化发展起来，并在晚石炭世发展成为独立的植物群，经过8800万年的发展，以华夏型分子

猫眼鳞木

烟叶大羽羊齿

瓣轮叶

原乌毛蕨

栉羊齿

单网羊齿

阔叶大羽羊齿

束羊齿

华夏植物群部分植物复原图（霍秀泉　绘）

的逐渐增加为主要特征。华夏植物群在二叠纪末随着全球性干旱气候的加剧，最终灭绝。

　　虽然华夏植物群起源中心在中国，但具体而言又可大致分为两个不同的亚区，即华北亚区和华南亚区。这两个亚区分别对应着华北板块和华南板块。华北亚区保存有华夏植物群发育最完整的地层序列，属于华夏植物群起源中心的中心。晚石炭世时，华北板块气候湿热，植物繁茂，华夏植物群主要分布于中国北方。山西丰富的煤炭资源就是在这一时期形成的，当时森林的繁茂可见一斑。但从晚二叠世早期开始，盘古大陆的进一步聚合使大陆性气候开始发育，华北板块气候逐渐变得干旱，并在晚二叠世达到最盛，导致植物群在此灭绝。而更靠近赤道的华南板块，在石炭纪时几乎都被海水淹没，只在靠近华北板块的江南古陆边缘留有小块陆地。广西北部的寺门煤系就是在此时孕育的。植物组成上主要以石松类、楔叶类为主，此时华夏植物群并未形成。直到晚二叠世早期，海水逐渐退去，陆地面积逐步扩大，加上赤道附近适宜的气候，让以大羽羊齿类植物为代表的植物群在华南板块繁盛起来。有些大羽羊齿类植物叶面特别宽大，银杏类开始增多，反映了当时一种燥热、湿润多雨的生态环境。晚二叠世晚期，华南板块又遭受海侵影响，陆地面积缩小，华夏植物群的规模也随之缩小，但并未完全灭绝，少量属种一直延续到了中生代。

"犯困"的古植物——大羽羊齿

植物也会"犯困"？是的，你没有听错。放眼望去，不管是森林里郁郁葱葱的树木，还是城市里随风起舞的小草，除了秋冬季节的凋零，似乎整天都是绿得精气神十足，更不用说受亚热带季风性气候影响的广西，夏长冬短，湿润多雨，很多植物甚至在秋冬季节也是绿油油一片。事实上，除去季节因素，一些植物的确会在晚上"犯困"：植物每天晚上把叶子折叠起来，第二天再打开，这被称为"感夜运动"。云南大学古生物研究院冯卓团队利用一种独特的昆虫咬蚀结构，巧妙证实了 2.5 亿年前的植物存在感夜性，首次为叶片"睡觉"习性的起源与演化研究提供了重要线索。在此前的研究中，科学家发现一些现生植物的叶片上有眼睛似的对称的孔洞，这是昆虫在树叶折叠时啃咬取食形成的痕迹。白天日照充足时，植物叶片尽情伸展进行光合作用；当黑夜来临，有些植物叶片会以主脉为轴折叠起来，这种感夜运动只在一些植物，如豆科的含羞草、合欢、决明、羊蹄甲等植物中出现。由于这种具对称孔洞的取食类型在具有感夜运动的植物中很常见，因此，古植物学家们想知道在植物化石中是否也能找到类似取食类型。

研究人员研究了大羽羊齿类植物，这是一种已灭绝的种子蕨类，是华夏植物群中最具代表性的植物。它主要出现在二叠纪中晚期，代表了华夏植物群演化较晚的部分。大羽羊齿类植物以单生或羽状复生的大型叶片、多级网状脉序为特征。尽管多数古植物学家认为大羽羊齿类植物属于种子植物，但由于缺乏对其繁殖器官的深入认识，大羽羊齿类植物的分类位置还不明确，因此暂时把它归入真蕨类和种子蕨类中。通过对大量化石数据的统计发现，在华夏植物群中，大羽羊齿类植物是食草昆虫最喜欢取食的对象，而且它们宽大的叶子和粗壮的中脉也让昆虫取食类型很容易从化石中识别出来。最终，古植物学家发现了一些具对称啃食孔的大羽羊齿类叶片化石，揭示了植物感夜运动的古老起源，也说明了早在2亿多年前，植物与昆虫间的相互作用就已经很多样化。

现生叶片上对称的虫洞（付琼耀　摄）

大羽羊齿类叶片化石中的类似痕迹（余怡　绘）

斯行健在广西——结缘华夏植物群

广西古植物学研究始于20世纪四五十年代，古植物学家斯行健先生系统研究了广西平乐二塘发现的二叠纪大羽羊齿类植物。

作为我国古植物研究的先行者，斯行健原本毕业于北京大学地质学系，后遵从李四光先生的建议，从国家建设方面考虑，从古脊椎动物学改学古植物学，并留学海外。新中国成立之后，他曾任中国科学院古生物研究所所长。斯行健先生对华夏植物群的研究尤为详尽，是他首次阐明了华夏植物群与世界其他植物群的关系。他编著的《中国古生代植物图鉴》是第一部系统总结中国古生代植物和陆相地层问题的著作，为中国古植物学的发展做出了卓越的贡献。

斯行健先生与广西的缘分始于华夏植物群，而广西的华夏植物群研究的历史可追溯到 20 世纪 40 年代以前。1937 年初，斯行健被调到南京的中央研究院地质研究所工作，担任古植物研究员，并兼任中央大学古植物学教授。随着抗日战争全面爆发，中央研究院地质研究所被迫迁往桂林，一时间大批地质学专家在广西开展地质调

古植物学家斯行健

1939 年，斯行健（中）等古植物学家在广西宾阳

查工作。广西地处华南，为华南板块的一部分，所以在二叠纪时也有华夏植物群分布。广西的华夏植物群以大羽羊齿类植物的出现为特征，化石主要发现于二叠纪地层，发现地点包括合山、平乐、灵山、合浦、扶绥等地。在动荡不安的烽火岁月里，斯行健先生和他的同事们没有一天放弃过古植物的研究。他夜以继日地工作，几乎到了忘我的境界，甚至对日机的不断空袭也置若罔闻。1938 年夏天，斯行健和同事张文佑在桂林平乐地区踏勘时偶然发现了一些植物化石遗存。后来经过斯行健的研究，确认了这些化石属于华南晚二叠世早期的大羽羊齿类植物，并鉴定了 10 种植物类型，包括平乐轮叶、芦木未定种、朝鲜准脉羊齿、小羽栉羊齿、单网羊齿、烟叶大羽羊齿、翁氏原始乌毛蕨、多形准脉羊齿相似种等。随后，1940 年，斯行健又在广西合山煤矿中发现了一种松柏类植物化石，现在定名为"多脉斯氏松"，属于二叠纪末期的裸子植物。

其实，在合山煤矿发现的植物化石远不止这一种。1980 年，冯少南等人研究了合山煤系下段早二叠世晚期的含煤地层，发现有典型的烟叶大羽羊齿 – 粒鳞杉植物组合，其中包括石松类植物猫眼鳞木，有节类植物多叶瓣轮叶、尖头轮叶、华夏齿叶，真蕨类和种子蕨类植物烟叶大羽羊齿、阔叶大羽羊齿、尖瓣单网羊齿、怀特华夏羊齿、基缩蕉羊齿、多脉带羊齿，以及裸子植物粒鳞杉、潘氏扇叶等。这一植物组合以大羽羊齿类最为丰富，松柏类粒鳞杉的出现为植物群增添了新的色彩。在合山煤系上含煤段晚二叠世早期的含煤地层中发现有以中国银杏叶 – 瓣轮叶为特征的植物组合，其中包括有节

类植物多叶瓣轮叶、平安瓣轮叶、长叶瓣轮叶、花坪瓣
轮叶、剑瓣轮叶，蕨类和种子蕨类植物狭束羊齿、贵州
单网羊齿、东方栉羊齿、细羊齿、朝鲜羽羊齿、多形羽
羊齿，以及裸子植物中国银杏叶等。从这一植物组合可
以看出，大羽羊齿类开始变少，而瓣轮叶大量繁盛，同
时出现了新的分子 —— 中国银杏叶。

　　到了二叠纪末期，华南板块受海侵的范围进一步扩
大，华夏植物群日渐式微。这一时期在广西还保存有一
处代表高地生活环境的植物群——扶绥东罗晚二叠世高
地植物群。不同于含煤地层所代表的成煤沼泽、湿地环
境，在扶绥发现的植物化石采自一套非含煤的火山凝灰
岩地层中，代表了一种完全不同的环境特征。总共发现
植物 14 属 23 种，包括有节类平安瓣轮叶相似种、裂鞘
叶未定种，真蕨和种子类类少叉枝脉蕨、栉羊齿属、狭
束羊齿、束羊齿未定种、叠缘楔羊齿、南方单网羊齿，
苏铁类东罗带羊齿、扶绥带羊齿、广西带羊齿、带羊齿
未定种，银杏类扇叶属，科达类科达属，松柏类多脉斯
氏松、类麦假鳞杉，以及裸子植物种子光亮石籽等。显然，
这是一个以裸子植物为主的植物群落，没有了石松类和
楔叶类这些喜湿植物，而更多的是生活在排水良好的高
地生境的裸子植物，反映了当时相对干旱的气候条件，
加上保存化石的火山凝灰岩的出现，说明火山活动在当
时的扶绥地区时有发生。

　　最终，华夏植物群的大多数属种受气候、古地理环
境、地外事件以及植物自身演化等综合因素影响，在二
叠纪末期发生了大规模的集群灭绝。至此，植物也准备
开启新的篇章。

地球的春天：中生代的植物

中生代注定是一个命途多舛的时代。从二叠纪与三叠纪之交的至暗时刻——大灭绝事件开始，地球上的生物就开启了跌宕起伏的逐命之旅。面对大自然这双无情巨手的翻云覆雨，相对于屡战屡败的动物们来说，植物们似乎更加顽强。从异军突起的"前浪"裸子植物，到繁华盛景的"后浪"被子植物，植物们甚至在几次灭绝事件的缝隙中，都在不屈不挠地开创着绿色的新时代，最终在动荡的中生代迎来了地球的春天。

异军突起的"前浪"：裸子植物兴起

至暗时刻——二叠纪末大灭绝事件

如果有一艘载着外星人的宇宙飞船，靠近二叠纪与三叠纪之交的地球，外星人看到的可能是地球这一时期恐怖骇人的景象。在 2.5 亿年前，随着大陆漂移，地球上所有的大陆都拱到了一起，形成了一块广阔的盘古超大陆。在这个过程中，各个大陆板块之间的磕磕碰碰，让地球迎来了最频繁的火山活动，当地壳的张力达到极限，刚刚迎来第一抹新绿的地球就要遭遇一场史无前例的生物大灭绝。此时，地球仿佛是一颗悬浮在太空中的火球，表层仿佛被地狱恶魔之手撕裂，金黄色的熔岩从纵横交错的大地裂缝中，从冒着白烟的巨大火山口中奔流而出；大量如同蘑菇云的死亡浓烟，弥漫到整个大气中。喷涌的火山产生的大量二氧化硫涌到大气中，形成了硫酸，继而形成大规模的酸雨洒向地面，所到之处，寸草不生，地球上的动植物纷纷倒毙。不止如此，二氧化硫还带来了"冰室效应"，酸雨洪水洗礼过后，是全球冰封、海平面骤降的雪藏时代。最后的劫难是火山爆发产生的二氧化碳。随着二氧化硫逐渐耗尽，占了上风的高浓度二氧化碳不仅让残存的动植物窒息，其强烈的"温室效应"

还让地球温度急剧上升，使全球陷入高温"烧烤模式"。最后，整个地球只剩下一片死神过境般的盘古超大陆，高温干旱，空空荡荡，了无生机……是的，这就是地球的至暗时刻，二叠纪末的大灭绝事件。大灭绝事件导致大约95%的生物灭绝，让地球几乎变成了一颗死亡星球，幸存下来的生命更是花费了上千万年的时间才得以逐渐恢复。这次大灭绝事件也成为古生代与中生代的分界线。

在这个地球生物的至暗时刻，广西也经历了一场场冰与火的洗礼。据地质记录，广西三叠纪发生的主要地质事件有生物灭绝、火山喷发、岩体崩塌滑移和强风暴等。而到了距今2.5亿～0.66亿年的中生代，地球板块运动十分活跃，盘古大陆由合而分，大陆性干燥气候盛行。广西受强烈印支运动影响，在晚三叠世时才全境抬升为陆地。此时，陆地上的植物发生了变化。根系特别发达、以种子进行繁殖的裸子植物开始全面崛起并繁盛起来，在短时间内成了森林主要物种。化石证据显示，作为异军突起的"前浪"，裸子植物也出现在贺州、十万大山一带，并一直延续到现在。今天，大瑶山也是广西裸子植物种类最丰富的地区之一，海拔1300米以上的区域，常常分布有福建柏、铁杉、长苞铁杉等针叶树种构成的针阔混交林。从植物组合上可以看出，裸子植物已经是森林生态系统的重要组成部分。

阳光总在风雨后——"前浪"裸子植物

2.3亿年前的晚三叠世卡尼期，高温干旱的盘古超大陆终于迎来了一场绵延100多万年的超级大暴雨。巨

广西中生代植物生态复原图（霍秀泉　绘）

大瑶山（覃琨 摄）

大的沙漠很快变成了湿漉漉的泥塘，劈头盖脸的泥石流和滑坡成了家常便饭。这就是"卡尼期洪积事件"。虽然这场旷世罕见的暴雨让很多物种的进化都止步于此，但暴雨过后却为贫瘠的大地带来了久违的彩虹。旧时的沙漠中发出了新芽，更适应干旱气候的裸子植物重新焕发出勃勃生机。此时，在广西贺州平桂区就生长着一片茂密的森林。森林里生长着真蕨植物，包括新月形格子蕨、异脉蕨、陕西似托第蕨、枝脉蕨、多实拟丹尼蕨；苏铁类，包括斯氏耳羽叶、潇湘耳羽叶、蕉羽叶、枝羽叶；松柏类，如苏铁杉；分类位置不明的大网羽叶；等等。以苏铁类为代表的裸子植物在这一时期异常繁盛。大量植物死后被掩埋，层层堆积，经过长期的地质作用，最终形成了广西重要的含煤地层——西湾煤系。

　　裸子植物是种子植物中能开花、结球果、胚珠裸露、不为子房所包被的一类植物。裸子植物没有鲜艳的花朵，也没有香甜的花蜜，它们的花粉随风飘荡，种子裸露没有果皮包被，因而得名。现生裸子植物仅有约850种，大多数为乔木，也有灌木或藤本。作为一个没落的贵族，它们曾经是陆地上最繁盛的类群，是构成森林的主要成员。裸子植物的演化历史最早可追溯到泥盆纪。到了中生代，裸子植物在很多地区都取代了蕨类，达到了多样性的顶峰。中生代后期，随着被子植物的崛起，裸子植物慢慢走向下坡路。到了新生代，裸子植物只能在以被子植物为主导的陆地上竭力谋求一席之地。在经过亿万年的沧桑巨变后，裸子植物种类历经多次演变更替，老的物种相继灭绝，而新的物种不断出现。现代裸子植物中有不少种类是新生代后出现的，代表了裸子植物中最适应现代环境的类群。

在植物分类学上，苏铁植物门、银杏植物门、松柏植物门和买麻藤植物门合称裸子植物。裸子植物大部分为高大的乔木，少数为灌木，极少数为木质藤本，具有形成层和次生构造。大多数种类（买麻藤植物门例外）木质部内只有管胞，而无导管；韧皮部中只有筛胞而无筛管和伴细胞；叶形多为扁平条线状（罗汉松科）、针状（松科）、扁平披针状（杉科）或鳞片状（柏科）。裸子植物因无子房构造，花期时胚珠完全裸露，直接着生在大孢子叶上，经受精后形成种子，一般无果皮包被，不形成果实，因此具有裸露的种子。比起低等维管植物蕨类主要利用孢子繁殖后代，裸子植物能够产生种子，摆脱了对潮湿环境的依赖，能够在更广大的干燥、寒冷环境中生存繁衍，成为彻底的陆生植物。全球森林面积的39％以上由裸子植物构成，在北半球高纬度地区有一大片裸子植物构成的纯林。我国素有"裸子植物故乡"的称号，很多"活化石"裸子植物，如银杏、水杉、银杉、铁杉、水松、侧柏等，都在我国存活下来并延续至今。

苏铁类是现存裸子植物中最早演化出来的支系。目前发现的最早的、可靠的化石证据形成于距今约3亿年的二叠纪。中生代是苏铁类植物的高光时刻，当时的苏铁可分为20多个属，但现代大多已灭绝。苏铁类植物的叶子为羽状复叶，叶片脱落后其叶基残留在茎上，茎干上缺乏腋芽，进行有性生殖时能产生具鞭毛的游动精子，根系呈珊瑚状，因此被普遍认为是现今最接近蕨类的种子植物。在广西南宁植物园中，有一株"镇园植宝"，那就是1360多岁的"苏铁王"。这株千年苏铁高达8

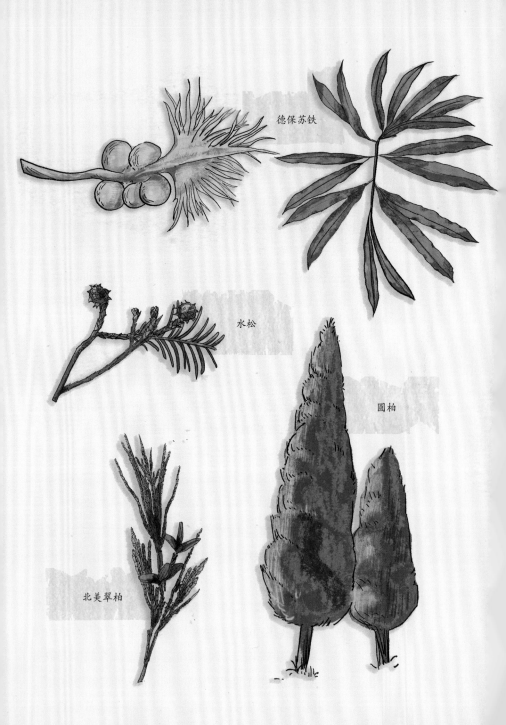

德保苏铁

水松

圆柏

北美翠柏

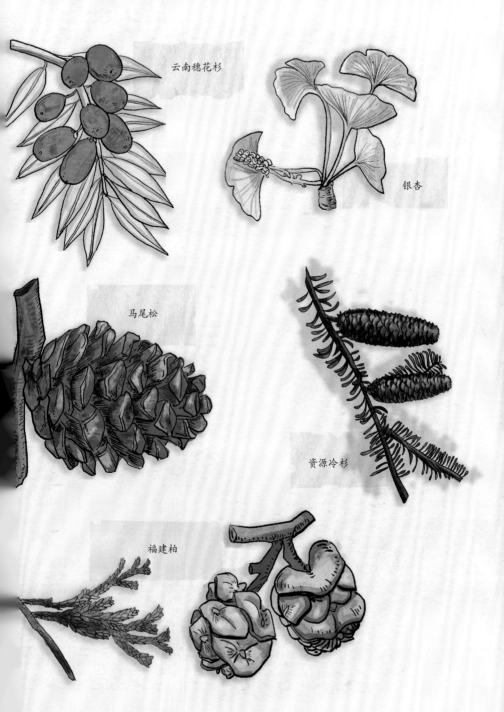

云南穗花杉

银杏

马尾松

资源冷杉

福建柏

裸子植物群像图（余怡　绘）

小叶罗汉松（章琨 摄）

广东松（谭海明　摄）

穗花杉（覃琨　摄）

米的巨人般的树干笔直向上，树围3.8米，是国内已知树龄最长的篦齿苏铁。这株千年苏铁已成为南宁植物园的一张名片，也是南宁植物园"千年苏铁园"命名的由来。2023年6月，南宁植物园里的上万株铁树"开花"，景象极其壮观：在绿影丛丛的茎叶之间，金黄色的"花朵"纷纷绽放，这些其实是它的雌球花和雄球花。铁树的雌球花像一个个层层叠叠的圆绣球，是由大孢子叶聚生而成的。而雄球花则像一尊尊矗立的黄金宝塔，是由小孢子叶螺旋排列而成的。这一雌一雄充分展示了苏铁植物的原始和古老，十分神奇，游客纷纷拍照留念，寓意"铁树开花，好运即来"。

提到苏铁就不得不说一下与苏铁关系密切的本内苏铁。它与苏铁在外形上十分相似，两者的主要区别在于繁殖器官和叶表皮结构。苏铁为雌雄异株，而本内苏铁为雌雄同株；苏铁叶片为单唇型气孔器，而本内苏铁为复唇式气孔器。如果没有找到繁殖器官，通过叶片的微形态特征也可以将两者鉴别。

铁树雄球花

铁树雌球花

南宁植物园内的"苏铁王"（蒙森 摄）

本内苏铁具有与被子植物相似的两性"花"。但这个"花"并不是真正意义上的花朵，只是本内苏铁的两性生殖器官融合在一起，长成类似花的结构。正因为有这样的繁殖结构存在，本内苏铁被认为是被子植物的祖先。本内苏铁繁盛于中生代，现在已经灭绝，因此我们只能从残缺不全的化石中还原它的样子。本内苏铁常见的叶片化石属包括侧羽叶、耳羽叶、网羽叶、异羽叶和毛羽叶等。在广西西湾煤矿晚三叠纪地层中发现有斯氏耳羽叶、潇湘耳羽叶，足见本内苏铁植物在当时已经相当繁盛。

被称作"活化石"的银杏，是裸子植物中另一类精子带鞭毛并具有运动能力的植物。目前确切的银杏类植物化石出现于距今约 2.7 亿年的早二叠世的欧亚大陆。在中生代，特别是侏罗纪时期，银杏类曾广布于北半球，

辽宁朝阳北票羊草沟植物群的侧羽叶化石（付琼耀　摄）

本内苏铁复原图（余怡　绘）　　　本内苏铁叶子复原图（余怡　绘）

但随着白垩纪末期的大灭绝而衰退，分布范围逐渐缩小。到了第四纪冰河期，银杏类在北半球绝大部分地区灭绝了，只在中国艰难生存下来，保留了银杏家族的根脉，所以银杏又有"活化石"的美称。银杏树的果实俗称"白果"，因此银杏又名"白果树"。银杏树生长较慢，寿命极长，自然条件下从栽种到结银杏果要二十多年，四十年后才能大量结果，因此又有人把它称作"公孙树"，有"公种而孙得食"的含义。银杏树是树中的老寿星，具有极高的观赏价值、经济价值和药用价值。银杏果成熟时橙黄如杏，称为果实却非果实，而是种子。外层橙黄色肉质部分是外种皮（含有毒成分，会致漆毒性皮炎），中层骨质的白色硬壳部分是中种皮（俗称"白果"），里面还包着淡红褐色膜质的内种皮及肉质的胚乳（种仁）。

银杏

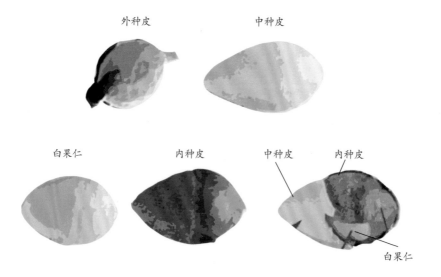

外种皮　　　　　中种皮

白果仁　　　内种皮　　　中种皮　　内种皮

白果仁

银杏种子结构图（余怡　绘）

　　古人常说"岁寒知松柏"。长松落落，翠柏森森，生长在严寒环境中的松柏青翠挺拔，是最常见的裸子植物的形象，它们也有个共同的称呼：针叶树。松柏类植物作为裸子植物的强大群体，一般为乔木，少数呈灌木状，常具尖塔形的树冠。单叶针状或鳞片状，少数为条形或卵形，螺旋状排列或呈两列状，有时数叶成束，复作螺旋状排列。叶一般具单脉，无叶隙。枝有长短枝之分。生殖器官多为长椭圆状或球状的球果，单性同株或异株，顶生或腋生，称"孢子叶球"，雌性的俗称"球果"。松属植物的木质球果（俗称"松果"或"松塔"）是由一片片种鳞组成的，成熟后开裂，带翅的种子（松

松柏类裸子植物——资源冷杉（余怡　绘）

子）就自由飞散落地。松柏类的历史最早可追溯到石炭纪，那时种类还比较单调，已灭绝的科达类被认为是松柏植物的原始类型。中生代松柏类的多样性达到顶峰，并且现代松柏的各类群均已出现。随着被子植物的崛起，松柏逐渐衰退。现代还生长有 500 多种松柏植物。

我国是松柏植物的起源地之一，著名的水杉、台湾杉、水松、银杉等都是土生土长的"活化石"。在广西西湾煤矿晚三叠世地层中发现有一种松柏类植物——苏铁杉。苏铁杉属是 1843 年由国际知名古植物学家布劳恩所建立的形态属，被用来描述那些具有多条叶脉、小

晚三叠世辽宁北票羊草沟植物群的间离苏铁杉化石（付琼耀　摄）

型叶片的松柏类植物，其形态与现生南洋杉科贝壳杉属或者罗汉松科竹柏属相类似。该植物曾在东亚晚三叠世时开始出现并逐渐广布于中纬度地区，成为植物群中占绝对优势的松柏类植物。但好景不长，随着被子植物在白垩纪的出现和发展，以及气候变干，这种阔叶落叶型松柏类植物最终在与被子植物的竞争中败下阵来，并在白垩纪中后期灭绝，结束了自己短暂的一生。

在广西西湾煤矿中还有一种神秘的裸子植物，它的演化历程可谓昙花一现，它就是大网羽叶。大网羽叶属植物叶片可长达50多厘米，宽20多厘米，中脉粗壮，侧脉相互连接成多边形网格状，外形类似芭蕉叶。靠着这出众的外形，大网羽叶植物化石具有很高的识别度。1878年，瑞典科学家那托斯特建立了大网羽叶属，但由于化石保存的不完整性，它一度被认为是真蕨植物。直到1931年，斯行健在江西萍乡晚三叠世地层中发现了带中脉的大网羽叶化石，人们对它的叶型才有了初步了解。随着化石材料的积累，我们对大网羽叶叶片的形态才有了清楚的认识。由于缺乏对它的繁殖器官以及叶着生方式的认识，因此其分类位置还不能确定。但可以确定的是，大网羽叶属最早出现于距今约2.3亿年的卡尼期，在华南晚三叠世最为繁盛，并广布全球，所以在广西西湾煤矿发现它的身影就不足为奇了。可奇怪的是，三叠纪－侏罗纪界限之后大网羽叶神秘消失了。科学家推测，发生在三叠纪末期的第四次生命大灭绝事件引起的气候波动是造成大网羽叶灭绝的主要原因。

买麻藤是裸子植物门中一个奇葩存在。为什么这么说呢？首先，买麻藤的"花"长得跟毛毛虫一样，它开

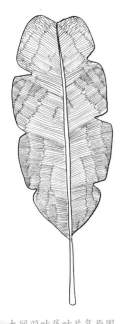

大网羽叶属叶片复原图
（余怡 绘）

出来的类似穗状花序的东西，实际上却缺乏真正的花结构，只能称之为"孢子叶球"。更关键的是，它的胚珠裸露在空气中，而真正的被子植物，其胚珠应该包藏在子房里面。再者就是它的"果实"。买麻藤看似结的是果实，但仔细一想，果实是由子房发育来的，而买麻藤连子房都没有，哪来的果实呢？所以买麻藤结的其实是种子，只是种皮结构比较复杂罢了，算不上真正的果实。还有它那宽阔而具网状脉序的叶片，看上去与被子植物极为相似。因此，买麻藤虽然外形上与众不同，但其内部解剖特征显示其本质上依然是裸子植物。因为买麻藤成熟后的种子一大串一大串地挂满藤蔓，很像花生，而且它的种子结构和同为裸子植物的银杏类似，有好几层皮，仔细剥出里面的种仁，炒熟后味道微苦，有类似花生的香气，所以广西民间又戏称它为"藤花生"。买麻藤是个高达 10 米以上的"大高个"，小枝圆或扁圆，光滑，

小叶买麻藤（覃琨　摄）

小叶买麻藤的雄球花序
（付琼耀　提供）

稀具细纵皱纹。叶形大小多变，通常呈矩圆形、稀矩圆状披针形或椭圆形，表面像皮革一样光滑。买麻藤主要分布于中国云南、广西、广东、海南以及印度、缅甸、泰国、老挝和越南。它们喜欢生长在海拔 1600 ～ 2000 米地带的森林中，缠绕于树上，攀爬力强，常年葱绿，成串的种子挤挤挨挨，非常有趣。正是由于买麻藤这些奇葩特征的存在，又缺乏化石记录，因此它的系统位置长期存在争议。现在买麻藤目、百岁兰目和麻黄目共同构成了一类系统位置独特的裸子植物分支。

说到中生代的植物化石，还不得不提及一种神奇的植物化石类型——硅化木。硅化木又称"树化石"，是地质历史时期的树木茎干石化后形成的一类实体化石。因为茎干木纤维组织常常被地层中的二氧化硅所替换或充填，故常称为"硅化木"。在广西南宁青秀山的苏铁园，有一处奇特的景观："活化石"苏铁与同样在侏罗纪时期形成的硅化木互相呼应，仿佛二者正在进行着跨世纪的"交谈"，十分有趣。我国浙江新昌硅化木国家地质公园出露的白垩纪古森林，被称为"白垩纪神木之圣地"。园区内有 6 个硅化木埋藏层，在近 6 平方千米的面积内埋藏有 300 多棵硅化木，最大的直径达 3.5 米，树干最长可达 16 米，被称为"中国硅化木之王"。这些形成于亿万年前的硅化木，埋藏方式清晰且具有规律性，或直立或斜卧，或树根或树枝，硅化程度高，石质坚硬，外形各异，树木的结构、年轮十分清晰。战国《山海经》对硅化木有"不死树""文玉树""圣树"之说。宋代矿物岩石学家认为，硅化木的形成是因为"一夕大风雨，忽化为石"。实际上，硅化木形成的原理是远古森林在自然力量作用下被快速掩埋，木头在高压、高温、缺氧的地质环境下浸泡于二氧化硅饱和溶液中，树木中的碳元素逐渐被二氧化硅取代，并保留了树木的原始形态及构造特点，同时有些吸收了周围岩石的微量元素，会形成五彩斑斓的色泽，最终形成硅化木。

中生代"双霸"——苏铁与恐龙

在中生代，恐龙与裸子植物间已经出现协同进化关系。侏罗纪（距今 2 亿～ 1.4 亿年）是中生代的第二个纪，也是恐龙开始活跃的时期。同时期的代表植物主要为苏铁、银杏、松柏等裸子植物。其中，高大的苏铁类植物是中生代森林的主要组成部分。在侏罗纪和白垩纪时期的广西，气候温暖潮湿，有丰富的水源，植被茂密并且覆盖面广。这为恐龙的繁衍和发展提供了稳定且适宜的环境。广西曾是各类恐龙的聚居地，大量恐龙在这里繁衍生息。研究显示，广西发现的恐龙包括真蜥脚类、巨龙形类、巨龙类、棘龙类、鲨齿龙类、剑龙类、禽龙类、鸭嘴龙类和角龙类等，命名恐龙属种 9 个。基于丰富的恐龙种类及其他动物化石遗存，广西扶绥县被评为"中国恐龙之乡"，扶绥那派盆地成为我国南方地区最具代表性的早白垩世恐龙化石地点。广阔的那派古湖泊旁边，生长着郁郁葱葱的蕨类植物和裸子植物，赵氏扶绥龙、何氏六榜龙、鲨齿龙类等大型恐龙互相竞争觅食，争夺着生存空间。当成群的植食性恐龙漫步在林间空地时，高大的苏铁叶片投下的影子在恐龙背上绘出斑驳的光影。

毫无疑问，恐龙是中生代陆生生态系统的霸主。长久以来，古生物学家就推测苏铁类的叶子可能是植食性恐龙的重要食物来源。为了防止被动物大量取食，苏铁类进化出有毒的叶子和大量被可食的肉质组织包裹的有毒种子。三叠纪同时出现了大量苏铁类植物和植食性恐龙表明，这些特征可能是协同进化的结果。在对进食者进行化学防御的同时，苏铁类植物进化出复杂的繁殖策略，"报答"帮忙散布种子的特定爬行动物。动物啃食后，未被消化的种子随动物粪便排出，既可以被散播到新环境中，又能从动物粪便里获取幼苗生长所需的营养。恐龙从这样的繁殖安排中获取多种好处，苏铁用营养丰富的种子球果大餐"请客"，种子的散布又保证了苏铁的后代能继续为恐龙提供食物来源。

6600 多万年前的白垩纪末期，在地球上称霸了 1.6 亿年的恐龙，突然消失了。尽管恐龙灭绝的真实原因还有不少争论，但是目前证据最多的假说，就是陨石撞击了地球，从根本上导致了此次生物大灭绝。这次撞击引起了全球性十级以上地震和活火山的集体爆发，同时引起了严重的温室气体排放，使整个地球温度急剧上升。气化的硫化物和降雨混合变成酸雨，污染了地球大部分土地，并造成土地养分流失。流失的养分和尘埃、酸雨一起汇合到海洋中造成了更严重的污染，表层海水酸化，变成了有毒的泥浆，导致了整个地球微生态崩溃，然后再随着食物链逐级摧毁上层生态。白垩纪末恐龙的灭绝给苏铁类带来了致命的打击，它们突然无法有效散播种子了。虽然在新生代古近纪时，温暖湿润的森林为苏铁类植物提供了短暂的喘息机会，但这些种群大都在晚始

赵氏扶绥龙

何氏六榜龙

鲨齿龙类

鳄类

禽龙类

棘龙类

白垩纪早期广西扶绥那派盆地古湖泊
生态复原图（广西自然博物馆　提供）

2013年赵氏扶绥龙化石在广西自然博物馆恐龙
园区首次亮相（广西自然博物馆 提供）

新世开始的全球变冷事件中成了牺牲品。气候的不断恶化导致苏铁种群逐渐缩小，加上缺乏大型植食性动物散播种子，当气候恢复时，这些种类无法迁移或重新返回原来的分布区。所以科学家认为，苏铁和恐龙的进化命运是交织在一起的，苏铁类依靠植食性恐龙散播种子，后者的消失导致了苏铁类地理分布和数量的急剧减少。作为中生代"双霸"，恐龙和苏铁是人们了解地球生物演化历史的最佳物证。它们之间的协同进化关系，虽然迄今仍存在许多未解之谜，但人们探秘它们的脚步从未停止。

白垩纪末期生物大灭绝之后，裸子植物遭到了毁灭性的打击，少数幸存者也无法跟"后起之秀"——被子植物抗衡，只能往高寒地区发展。据统计，我国现存的裸子植物有 10 科 34 属约 250 种，是世界上裸子植物最丰富的国家之一。其中有许多是北半球其他地区早已灭绝的古残遗种或子遗种。银杏属、水杉属、水松属、银杉属、金钱松属、福建柏属、侧柏属等都成了单种属，意味着像银杏这样原来是一个大家族，发展到现在只剩下一个成员，何其凄惨。但这就是自然选择的结果，优胜劣汰，适者生存。

世界银杉王

银杉（Cathaya argyrophylla）
在第三纪时期曾广泛分布于欧亚大陆，
在第四纪冰川袭击下在地球上几乎绝
迹。该属植物花粉曾在法国西南部渐
新世至中新世交界的沉积物中发现，
其球果化石则在原苏联远东地区的第
三纪沉积物中找到。一九五五年在我
国南方山区首次发现该植物，故有植
物"活化石"之称，为我国特有濒危
一级保护植物。大瑶山银杉发现于一
九八六年三月十日。

大瑶山银杉有三个"世界之最"：
一、水平分布纬度最低，在24°9'—
24°24'范围内；
二、植株最大，胸径86.9cm；
三、树最高：10.65m。

在广西金秀大瑶山中发现的"世界银杉王"
——世界上最大的银杉个体（覃琨 摄）

达尔文的"讨厌之谜"：被子植物的起源

植物界新霸主——被子植物

在被子植物兴起之前的中生代，我们的地球是由裸子植物主导的。那时的地球表面，披着一件由深深浅浅的绿色交织而成的森林系外衣，这件外衣由松柏、苏铁、银杏等各种裸子植物和蕨类植物构成，虽然郁郁葱葱、充满生机，但不免因为单调的绿色而显得有些乏味。这时候，不甘寂寞的大自然开始"脑洞大开"，想方设法给植物添上别的色彩了。特别是白垩纪末期，经历第五次生物大灭绝后，除了苏铁类、银杏类、松柏类等少数幸存者，大多数裸子植物都灭绝了。被子植物适应了白垩纪末气候的剧烈变化，终于登上历史舞台。植物界跨入了"花花世界"新时代——被子植物时代。被子植物开始绽放五颜六色的花朵，兴盛起来，地球终于迎来了百花齐放的春天。

被子植物也称"有花植物"或"显花植物"，简单地说就是开花的植物。被子植物是现今植物界种类最繁盛和分布最广的一个类群，全世界约有 400 科，近 30 万种。被子植物之所以能打败裸子植物，成为地球上的植物界新霸主，自然有它的优势。相较于裸子植物，被

盛开的被子植物——向日葵

子植物的典型特征如下：具有不同于裸子植物孢子叶球
的真正的花，典型的被子植物的花一般由花萼、花冠、
雄蕊群、雌蕊群4个部分组成；双受精，即两个精子进
入胚囊以后，一个与卵子结合形成合子，发育成胚，另
一个与两个极核结合，发育为胚乳；胚珠由心皮包被并
发育成果实。这些色彩鲜艳的真正的花，能吸引更多的
昆虫等动物参与到被子植物的繁殖中，形成复杂的互利
共生的生态链，因此被子植物能迅速占据有利的生态位，
一跃成为植物界新霸主。

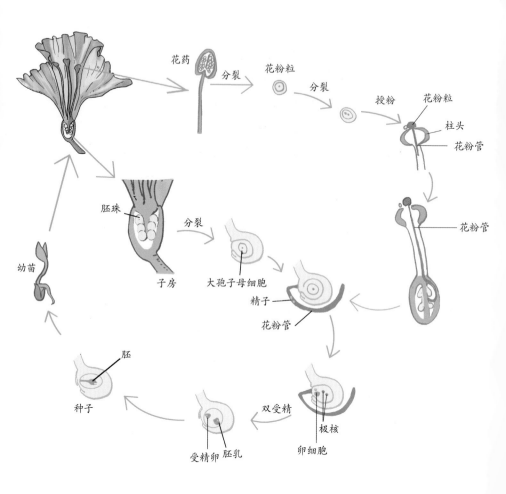

花药　分裂　花粉粒　分裂　授粉　花粉粒　柱头　花粉管

花粉管

胚珠　分裂　花粉管

子房　大孢子母细胞　精子　花粉管

幼苗

胚　种子

受精卵　胚乳　双受精　极核　卵细胞

被子植物繁殖方式（余怡　绘）

被子植物为什么"想开"了？

被子植物究竟是什么时候、又是为什么"想开"了呢？被子植物兴起的过程非常迅速：在距今 1 亿年左右的晚白垩世，被子植物的种类和数量突然增加，并迅速占据了植物界的优势地位。经过古近纪、新近纪时期的急剧分化和迅速辐射，实现了大规模、多样化的生长，发展成为现代植物界的最大类群。多数被子植物冠状类群，即比较原始的被子植物类群，基本上都在这个时期集中出现。我国白垩系的植物化石产地很多，但含有被子植物化石的产地和层位却不多，主要集中在松辽盆地、嘉荫盆地、十万大山盆地以及西藏日喀则地区。20 世纪 70 年代末，地质工作者在广西十万大山盆地白垩系把里组发现了被子植物化石。这是被子植物在我国南方白垩纪地层中的首次发现，对研究被子植物在低纬度地区的发展壮大提供了重要的化石依据。

"被子植物何时出现"一直是困扰科学家的一个难题。早在 100 多年前，进化生物学的奠基人、英国博物学家达尔文就曾因为白垩纪时突然大量出现的被子植物化石而百思不得其解。对于这似乎有违他的进化论思想的现象，他认为被子植物的起源是一个"讨厌之谜"。世界各地无数古植物学家和植物学家都在孜孜不倦地探索这个"讨厌之谜"，先后提出过许多理论和假设。但100 多年过去了，这个问题至今似乎依然没有准确的答案。

现在关于被子植物的起源主要分多起源和单起源两种不同的假说。多起源假说认为被子植物来自许多不相亲近的祖先类群，彼此间是平行演化的，而单起源假说

达尔文

认为所有被子植物都来源于一个共同祖先。单起源假说依据的是被子植物所具有的许多独特和高度特化的特征，如维管组织中筛管和伴胞的存在、双受精现象和三倍体胚乳等。而且现代分子系统学的研究也支持单起源假说。那么问题又来了，假如被子植物是单一起源的，那么这个共同的祖先又是谁呢？正如之前介绍本内苏铁时说的，具有两性孢子叶球的本内苏铁被认为是被子植物的祖先。另外也有人提出种子蕨是被子植物祖先的观点。各种观点都有自己充足的理由，目前尚无法统一。所以，寻找早期被子植物化石这一关键证据显得格外重要。

　　花，是被子植物最特别的性状特征，如果能在古老地层中发现花的化石，似乎被子植物起源的问题就迎刃而解了。但我们都知道，花儿是那么娇弱易碎，基本不太可能保存为化石，除非存在特异埋藏的环境。瑞典科学家傅睿思曾在瑞士晚白垩世地层中发现大量丝碳化保存的花化石，虽然这些花只有 1～2 毫米，但让人们看到了找到更早的花朵的希望。之后，在我国辽宁西部发现了距今约 1.6 亿年的潘氏真花化石，在距今约 1 亿年的缅甸琥珀中发现了静子花化石，以及在南京发现的距今约 1.74 亿年的南京花化石。这些花化石的不断发现，将被子植物起源的时间追溯到更早的侏罗纪。

　　除了花化石，被子植物的果实和种子化石也是科学家关注的重点，毕竟果实和种子比花更易保存为化石。在我国著名的热河生物群中，不仅发现了带羽毛的恐龙化石，科学家还找到了距今约 1.25 亿年的早白垩世古果化石，包括被称为"世界上第一朵花"的辽宁古果，还有中华古果、十字海里果以及李氏果等，这些早期被子

潘氏真花复原图
（余怡　绘）

植物化石都有着胚珠（种子）被果皮包裹的典型的被子植物特征，更难能可贵的是，这些化石基本保存了带有果实种子的完整植株，让我们得以窥探早期被子植物的全貌。早白垩世的辽西地区气候温暖，河流湖泊广布，在湖泊边缘的湿地或沼泽区域生长着这些早期被子植物，它们都具有水生植物的特性，代表了当时一类水生草本被子植物。

辽宁古果复原图
（余怡　绘）

辽宁古果化石（付琼耀　摄）

十字海里果化石（付琼耀　摄）

中华古果复原图
（余怡　绘）

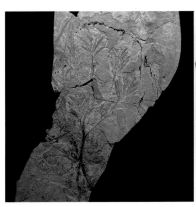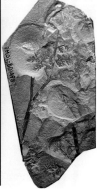

中华古果化石（付琼耀　摄）

这时你可能会问：中国北方能发现那么多早期被子植物化石，那中国南方呢？虽然白垩纪时中国大陆南北方已经融为一个整体，但由于纬度的差异，中国南北方气候仍存在明显差异。这一时期我国南方地区发育有大面积的红色陆相层积，反映了当时一种比较干旱炎热的气候条件。就广西而言，白垩纪早期在广西扶绥那派盆地的陆相红层中发现有不少恐龙、鱼类、龟鳖类、双壳类化石。按理说，有那么多动物存在，周围一定存在丰富的植物，但遗憾的是那派盆地唯独缺乏植物化石的发现。科学家推测这可能与广西当时的干热气候以及强氧化作用条件有关，在这样的环境条件下，脆弱的植物很难保存为化石。

不过，在广西白垩纪晚期的地层中还是有零星被子植物被发现的。1979 年，古植物学家发现了产自邕宁区那楼镇晚白垩系把里组地层的植物化石，包括裸子植物菱突短叶杉 1 种，被子植物西方樟、纽伯利樟、细脉香楠和广西香楠 4 种樟科植物。其中的短叶杉属在白垩纪末灭绝了，而樟属和香楠属至今还分别生长于东亚和美洲的热带 - 亚热带地区。樟科植物喜欢湿热环境，而在邕宁发现的 4 种樟科植物叶片都具有革质的全缘叶，叶质坚硬，小叶型，这些特征在樟科植物中是不多见的，反映了当时邕宁地区炎热且有明显干旱、日照强烈而降水少的气候条件。虽然在把里组地层中发现的植物化石不多，但也能看出当时被子植物在陆地生态系统中的多样化，以及裸子植物的日渐衰退。如果想要探究达尔文的"讨厌之谜"，科学家还得往更神秘、更古老的地层中去寻找。

伟大的德国诗人歌德家喻户晓，但是很少有人知道，这个大文豪还跨界研究植物学，不仅成果斐然，还被称为"植物形态学之父"。歌德曾经在 1790 年发表了一篇关于植物的开创性论文——《植物变形记》，里面提到一种观点，即"花瓣是经过修饰的叶子"。包括达尔文、齐默尔曼在内的许多科学家，都接受了歌德的这个十分大胆独到的见解。按照这个假说，最早的花是从叶子进化而来的。最开始，叶子可能只是包裹住了种子，为种子提供了额外的保护，这点小小的改变，可能逐渐成为一种生存优势。而这些叶子，最初可能出现了一点颜色上的改变，却不经意吸引来了昆虫的停留。这仅仅是有关花朵缘起的猜想。但花的颜色和结构是与昆虫协同演化的结果，却是毋庸置疑的。被子植物好像一下子"想开"了，和昆虫等动物的互动带来的传播优势，说明除了风媒、水媒，还有其他更好的传播方式。通过绽放色彩鲜艳的花朵，提供甘甜多汁的花蜜、香甜可口的果实，被子植物给了传播者很多"奖品"，真正把昆虫等动物拉入了自己的繁殖圈，两者在互惠互利中实现了共赢。

达尔文的"惊鸿一瞥"：达尔文兰

很多人对达尔文的认知，是《物种起源》和"进化论"。但是，很少人知道，达尔文也是个浪漫的爱花人，他对兰花的热爱几乎伴随他的一生。1862 年的 1 月 25 日，一个普普通通的日子。然而，对于英国生物学家达尔文来说，这一天似乎不那么寻常。就在这一天，达尔文打开了一个来自马达加斯加的包裹，看到一份大彗星兰的标本，他惊奇地发现：这种兰花有着惊人的花距。瞧，从唇瓣基部向后延伸的花距竟然长达 30 多厘米！达尔文不由惊叹："天哪！什么样的虫子才能吸取兰花中的花蜜呢？"正是这短暂的"惊鸿一瞥"，让见多识广、热爱思考的达尔文有了一个石破天惊的大胆猜想："既然有这么长的花距，那么在马达加斯加一定生活着一种口器长度相当的天蛾为它传粉！"但是有谁见过口器如此细长的昆虫呢？"荒唐！"当时有些昆虫学家这么认为。但是，达尔文提出的这个"天才预言"，深深吸引着许多前赴后继的科学探索者。直到 20 世纪末，德国科学家长期蹲守马达加斯加群岛，借助远红外照相机、摄影机等设备，目睹并记录了夜幕下长喙天蛾吸食大彗星兰花蜜的精彩瞬间。

大彗星兰

　　夜幕深沉，在茂密的森林里，一丛大彗星兰在黑夜中盛放，一朵朵洁白芬芳的花朵，仿佛黑夜中一颗颗拖着长尾、闪着晶亮白光的彗星。大彗星兰花距末端，那甘醇甜美的蜜汁是多么诱人啊！这蜜汁散发出来的香甜气味，正吸引着口器长达 30 厘米的长喙天蛾前来"赴宴"。但是，长喙天蛾是极其谨慎的。虽然科学家们在等待的过程中又累又困，但是对科学真理坚定的热爱与信念让他们坚守着。不知道过了多久，一只有着长长口器的天蛾从森林深处翩翩而来，循着大彗星兰的香甜气味，迅速锁定目标，把长长的口器伸进了大彗星兰唇瓣后面长长的花距里。科学家们又惊又喜，他们按捺住狂喜的心情，小心翼翼地用远红外摄影机，记录下了这历史性的一刻。回顾达尔文的预言从提出到被证实，时间差不多过去了近一个半世纪。面对长喙天蛾与大彗星兰的亲密接触，人们不由得惊叹达尔文的预测是多么准确而科学！为了纪念这位伟大的科学家，人们便将这种兰花命名为"达尔文兰"。

　　传粉昆虫和被子植物可能是地球生命世界最精妙的互惠共生关系。早在 1838 年，达尔文就已经认识到异花授粉对被子植物的重要性，理解了自然选择怎样塑造花的构造，使之适合异花受精，而昆虫在这个过程中起着关键性的作用。后来他又认识到被子植物之所以能够在白垩纪突然发展起来，与昆虫传授花粉的活动是分不开的。白垩纪晚期到新近纪早期，是被子植物新种类出现最快的时期，也是蜜蜂传粉出现和发展的时期，说明其中可能具有因果关系。

长喙天蛾采食花蜜

繁花盛景的"后浪"：被子植物的繁盛

浪漫花海——被子植物

中华民族自古以来就是崇尚诗词与鲜花之浪漫的民族，广西更是一个歌海与花海齐名之地。春天有"人间四月芳菲尽，山寺桃花始盛开""小楼一夜听春雨，深巷明朝卖杏花"；夏天有"荷叶罗裙一色裁，芙蓉向脸两边开""叶上初阳干宿雨，水面清圆，一一风荷举"；秋天有"采菊东篱下，悠然见南山""中庭地白树栖鸦，冷露无声湿桂花"；冬天有"姑苏城外一茅屋，万树梅花月满天""宝剑锋从磨砺出，梅花香自苦寒来"。广西山歌的"好朵鲜花生岩台，山歌伴花一起开。十个指头朝前指，花是因缘落下来"，更是道尽了鲜花与爱情的浪漫。这些浪漫诗歌文化里的鲜花，都指的是被子植物。作为繁华盛景的"后浪"，被子植物也从白垩纪末期席卷而来。

花是被子植物的繁殖器官。随着地球环境的变化，花的形态也出现了巨大分化。被子植物的花，或外形精巧别致，或色彩艳丽缤纷，或散发独特气味，或特化出各种结构，为有性生殖做了充分准备，同时也最大程度装点了我们的地球。被子植物的生殖系统最简单，体积最小，却最高效。同时具备花萼、花冠（花瓣）、雄蕊和雌蕊的花称为"完全花"。其中雄蕊由花丝和花药两部分组成，雌蕊由子房、花柱和柱头三部分组成。自然界中环境多变，有些花缺少其中的某些结构，称为"不完全花"。花的雌蕊上部为柱头，它有识别机制，落在柱头上的花粉，只有符合柱头上的特殊蛋白质要求才能长出长长的花粉管，让精细胞通过花粉管与胚珠相会，受精后形成种子。对于异花授粉植物而言，不同植物的花粉和这朵花本身的花粉都不能形成花粉管和受精，也就是只有同种植物的不同花朵所提供的花粉才能形成花粉管和受精。如此精巧的繁殖机制，使远缘杂交和近亲交配的情况都不可能发生。这些优势使被子植物成为"进化最成功的植物"。

被子植物的"媒人"

传粉是高等维管植物的特有现象。被子植物的传粉方式多种多样，雄配子借助花粉管传送到雌配子体，使植物受精不再依赖风和水为媒介，这对植物适应陆生环境具有重大意义。

清风徐徐来传粉：利用风力作为传粉媒介的花，称为"风媒花"。风媒花一般先长叶子后开花；无花被、无香味、无蜜腺；花朵密集、数量多，呈穗状；产生的花粉量大，表面光滑、干燥轻盈；柱头突起，分叉或分泌黏液；有些花序细软下垂或花丝细长，随风摆动，有利于花粉传播。比如杨树、柳树、蒲公英、高粱、玉米、水稻等。

流水淙淙来做媒：沉水植物完全沉浸在水中，没有

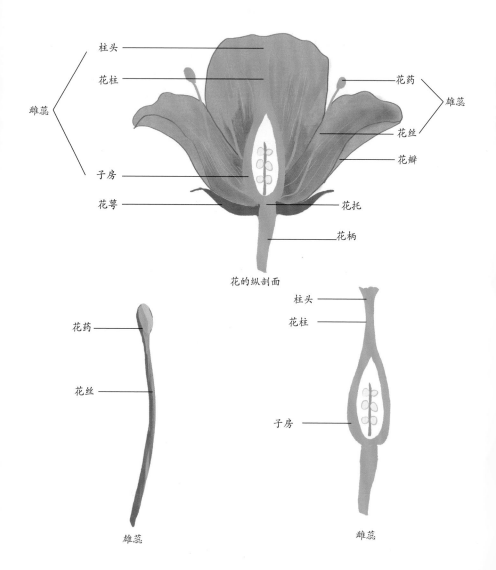

柱头
花柱
雌蕊
子房
花萼
花的纵剖面

花药
雄蕊
花丝
花瓣
花托
花柄

花药
花丝
雄蕊

柱头
花柱
子房
雌蕊

"完全花"结构图（余怡　绘）

水上形态，以水为媒介进行传粉。比如雌雄异株的沉水植物苦草。苦草的雄花小、量大，每株雄株产生花粉约47万粒，一天内释放花粉2次，花粉成熟时，雄花会从花梗上脱落，浮到水面。苦草的雌花花柄在水中的长短常与水深呈正相关，水深时，花柄铆足了劲地伸长；水浅时，花柄会以螺旋状收缩，以确保雌花可以到达水面，这有利于遇到雄花受粉。在水的作用下，雄花与雌花在水面上碰撞相遇，再在风的帮助下，雄花把花粉传给雌花。完成受粉后，雌花的花柄螺旋状收回，在水下发育成果实，到晚夏或早秋，部分成熟的果实破裂，释放种子。

　　昆虫光顾巧传粉：即虫媒，我们常见的蝶类、蝇类、蜂类等都属于虫媒。利用昆虫传粉的植物，一般具有鲜艳的花朵，能散发各种气味，还能分泌花蜜"犒赏"昆虫，

柳树开花

吸引昆虫光顾，以达到让其帮自己传粉的目的。比如腐
臭难闻却吸引苍蝇的巨魔芋花，巧设陷阱的马兜铃花，
假扮"新娘"吸引雄蜂的眉兰，长长花筒的水金凤花，
与丝兰蛾天生一对的丝兰花，还有最著名的吸引长喙天
蛾采食的达尔文兰。

鸟儿振翅传粉忙：依靠鸟类传粉的被子植物一般具
有鲜艳的色彩和细长的花筒，花筒底部常常存有花蜜。
为这类植物传粉的鸟类一般都有长长的喙，吸取花蜜时
还能进一步伸出长管状的舌头。蜂鸟和吸蜜鸟是两类重
要的传粉鸟类，蜂鸟吸蜜时悬停在半空中，吸蜜鸟则栖
落在树枝上。另外还有太阳鸟、猩红蜜鸟等传粉鸟类。

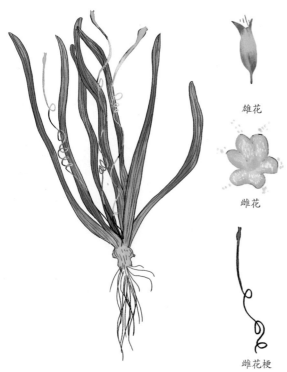

雄花

雌花

雌花梗

苦草（余怡 绘）

巨魔芋花

蜂鸟传粉

大自然的『绿色革命』：新生代的植物

6600万年前至今的新生代（包括古近纪、新近纪和第四纪），地壳活动趋向稳定，气候开始转冷。因中生代末期的生物大灭绝而腾出的生态位，迅速被"后浪"被子植物所占据，并开始了大自然的"绿色革命"。此时，广西的海陆格局基本成型，但局部受喜马拉雅造山运动影响，在桂东南及右江两个地带形成了星罗棋布的新生代盆地。植物化石主要发现于这些新生代盆地中，包括百色盆地、宁明（海渊、上思）盆地、南宁盆地、桂平盆地以及南康盆地等。在这些盆地内发现的植物化石中，既有神秘的宁明植物群，也有特异埋藏的南宁植物群，更有以桂平鸡毛松为代表的桂平植物群……这些新生代植物群的发现证明了当时被子植物的多样性特征，也奠定了现代广西植物以樟科、壳斗科、木兰科、大戟科、豆科等为主要成分的热带－亚热带植物区系特征。

进击的新生代植物

"沉舟侧畔千帆过，病树前头万木春。"唐代诗人刘禹锡面对大自然中的新旧更替无限感慨，古生物的发展史同样如此。随着恐龙的灭绝，动荡的中生代终于结束，多姿多彩的新生代正式开始。新生代是地球历史上最新的一个地质时代，分为古近纪、新近纪、第四纪。

距今6600万～2300万年的古近纪，非洲、南美洲、北美洲、亚洲大陆逐渐漂移到今天的位置，喜马拉雅山、阿尔卑斯山、安第斯山开始隆升。全球气候较为多变，南北极先后发育大冰盖。茂密的森林不再一统天下，看似柔弱实则强韧的草本植物开始广布，地球上有了真正的草原。被子植物更趋繁盛，植物分区更接近现代。新生代的植物终于凭借大自然的"绿色革命"，走进了新时代。

距今2300万～258万年的新近纪，地球上的各大洲板块逐渐漂移到现今的位置，各大山脉不断"长高长大"。喜马拉雅山进一步抬升，阿尔卑斯山脉形成，高山改变了水汽流通和天气模式。随着气候变化，远离海洋的内陆地区干旱加剧，森林逐渐让位于草原。擅长奔跑和啃草的马科、牛科动物脱颖而出，象类成为最大的陆地动物，而海洋中的霸主则是巨齿鲨。新近纪末期，东非草原上的一小部分灵长类开始直立行走，人类的祖先出现了。

古近纪草本植物广布，草原开始形成；新近纪时，森林终于将"植被统治者"的宝座让位给草原；再到现在，地球上草原面积广阔，大约有3000万平方千米，约占地球植被面积的25%。新生代植物的"绿色革命"如何从看似最柔弱的草开始并一触即发，值得我们深思。

被子植物在进化过程中，演化为单子叶和双子叶两类植物。单子叶植物种子的胚只有一片子叶，如水稻、小麦、玉米、竹子等；双子叶植物种子的胚有两片子叶，如豆类、瓜类、棉花、花生、桃等。双子叶植物通常以木本为主，而单子叶植物通常以草本为主。我们通常所说的"草"是指草本植物，是一类植物的总称。草本植物一般都是"小矮人"，风吹就倒，又柔弱又"短命"。在生长季节终了时，大多数草本植物的地上部分或整株植物体就会死亡。很多人认为草是自然界中最无足轻重的物种，从"命如草芥"这个词也可以看出一般人对草的蔑视，但实际上，草是非常聪明而顽强的植物。

植物需要经历光合作用，才能为自己积蓄营养，不断生长。一般而言，树木长得越高大，它就能占据越多的顶层空间，获取越多的阳光，从而进行更充足的光合作用，让自己长得更加高大，如此不断循环，积累更多优势。而矮小的草只能在树影间偶然落下的微弱阳光中艰难生长。这简直就是一边倒的游戏——优胜者占据着绝大部分资源，而弱势者岌岌可危。经历了漫长岁月的进化，矮小的草似乎认识到自己怎么也无法与头顶上这些高大的家伙竞争，于是它另辟蹊径，演化出不同的机制。

广西新生代植物生态复原图（霍秀泉　绘）

这时，C$_4$ 光合途径——一种重要技能主要出现在单子叶植物中。在 1.5 万种单子叶植物中，大约有 6000 种（主要为禾本科和莎草科）具有 C$_4$ 光合途径，而 60% 的 C$_4$ 植物都是草。由太阳能驱动的二氧化碳泵的升级，赋予禾草类植物在炎热干燥的气候环境以及在二氧化碳饥饿状态下的生态优势。于是，在大约 800 万年前的中新世晚期，拥有 C$_4$ 光合途径的禾草类植物改变了亚热带的内陆环境，在默默无言中将广袤森林逐渐转变为以禾草类植物为主的稀树草原。"离离原上草，一岁一枯荣。野火烧不尽，春风吹又生。"草匍匐在地表，强风吹不倒它，野火烧不尽它。山火来临，它又长又深的根系牢牢扎在大地深处，即便地表部分被烧了也丝毫不影响它来年重新生长。甚至，草还演化出更壮烈的方式——点燃自己，向死而生。先使自己的地表部分变得干枯，然后等待干

燥的季节来临，此时只要稍微来一点火星，立刻可引发山火。山火可以将整片整片的高大乔木烧死，而草的根系却可以安全地在地下存活。下一个春天来临，被山火烧死的树木，再也无法长出叶子来遮蔽阳光，而草则在这片阳光下快速生长，逐渐连成片，最终形成广阔的草原。随着新近纪全球气候变冷变干，在草原不断扩大的同时，各种丛林的范围越来越小。至此，草原正式崛起。

第四纪从距今约 258 万年一直持续到今天，寒冷的冰期和气候回暖、冰川退缩的间冰期不断交替。在距今不过几万年的末次冰期，今天地球上几乎所有的物种都出现了，而猛犸象、披毛犀、剑齿虎、剑齿象等巨兽却在末次冰期结束后几乎全部消失，人类和大熊猫、麋鹿等动物一起熬过了冰期 – 间冰期旋回，生存至今。

稀树草原

神秘"花山绿"：宁明植物群

访古探幽——揭秘宁明植物群

在广西宁明县，我们的船沿着美丽的明江顺流而下，在一个马蹄形的大河湾处，面对着一幅赭红色的高崖壁画停下。正是春雨迷蒙的三月，远山云雾缭绕，明江两岸苍山碧水，竹林潇潇，几株高大的木棉树笔挺如剑，直指苍穹，树上鲜红硕大的木棉花在雨中傲然挺立，像一团团浇不熄的火焰正在烈烈燃烧。开阔的江面上，几个头戴蓑笠的渔夫旁若无人地用壮话高声唱着山歌，粗哑的嗓音在旷古的天地中回旋荡漾。这歌声仿若千百年来始终如一，没有任何人和事能够改变它的野性。

据《宁明县志》（1988年6月第1版）记载，花山崖壁画指的是分布在明江两岸珠山、龙峡山、达佞山、高山、花山等各个画点上的岩画。而花山则是这些画点中画面最大、图像最复杂、内容最丰富、经历年代最长久的一个画点，堪称代表作。我们面前的高崖壁画，就是2000多年前由骆越先民绘制的。整个崖壁临江而立，内斜成一个巨大的岩厦，红褐色的人形壁画错落有致地分布在泥黄色的崖壁上。巨大的赤色人形，半屈着双臂五指向上，壮硕的身躯，一柄圆弧形把手的长刀横腰别着，同样半屈

明江水道

花山岩画（梁集祥　摄）

花山岩画风光（梁集祥　摄）

着的双腿横跨在一只巨犬的正前方——这，就是骆越王。山风伴雨潇潇而来，扑打在刀削斧砍般的崖壁上，赤焰仿佛在雨雾中浮动，骆越王身边大大小小的赤色人形逐一显现，他们无一例外地半屈着双臂双腿，犹如一只只大小不一的青蛙围聚在一起，仿佛在举行着某种神秘的仪式。

自从 2016 年联合国教科文组织世界遗产委员会把左江花山岩画文化景观列入《世界遗产名录》，这抹鲜艳的"花山红"，就成了广西的骄傲。但你可能不知道，宁明县还有一处珍贵的自然遗产——宁明植物群，这抹神秘的"花山绿"以鲜为人知的古植物化石秘境，骄傲屹立在祖国的南疆。

宁明植物群的研究始于鱼化石的发现。在寻找鱼化石的过程中，古生物学家观察到地层中不断出现很多植物化石，而且保存得非常好。于是从 2002 年开始，广

宁明植物群化石发掘地点和剖面（付琼耀　摄）

西自然博物馆的工作人员开启了对宁明植物群的采集和研究，这一埋藏了近 3000 万年的古老植物群的神秘面纱才被逐渐揭开。

宁明植物群是生活在渐新世的新生代植物化石群。渐新世是全球气候变冷的转型期，当时全球气温大幅下降，地球两极开始出现冰盖，受东亚季风影响，季节性气候开始形成和发展。要知道，现代的中国广大地区主要受东亚季风影响。由于夏季海洋的热容量大，加热缓慢，海面较冷，气压高，而大陆热容量小，加热快，形成暖低压，因此夏季风由冷洋面吹向暖大陆。冬季则正好相反，冬季风由冷大陆吹向暖洋面。表现在现实生活中就是夏季高温炎热、吹东南风、降水多，而冬季低温干燥、吹西北风、降水少。

宁明植物群所在的宁明盆地，在渐新世的气候条件如何呢？和今天的宁明地区是否存在差异？带着这些问题，古植物学家对宁明植物群的古气候条件进行了深入研究。结果发现，宁明盆地在渐新世时是一个夏季炎热、冬季温暖的亚热带气候，年均温度在 21.5 ℃ 左右，这与宁明现在的气候相似。但当时的降水量比较平均，降水量比现在多，却几乎没有季节性，说明当时的季风还非常弱，或者季风还在形成过程中。

经过 20 多年的研究，研究人员发现宁明植物群是一个被子植物占绝对优势的古近纪植物群。根据其地层岩性判断，当时的宁明是盆地地貌，盆地内发育有一个较大的湖泊，湖里生长着各种各样的古鱼类，湖泊周围有山丘，各类植物生长繁茂。植物的叶片、果实、种子

宁明盆地（付琼耀　摄）

宁明古生态复原图（霍秀泉　绘）

以及茎干等飘落或被流水带入湖中，一些植物残体快速被泥沙掩埋，经过层层泥沙覆盖后慢慢沉积下来，后来随着地质作用的演变，湖泊变成了陆地，含有植物的沉积物成岩硬化，在高温高压、隔绝氧气的环境下最终成为植物化石。宁明盆地发现的化石中大部分都是植物叶片化石，也有丰富的果实化石、种子化石和木化石等。还发现了大量靠风力传播的翅果化石，这为探讨当时季风气候的形成和出现提供了化石依据。总体而言，宁明植物群是一个以被子植物占优势，同时存在裸子植物和少量蕨类植物的古近纪植物群。经过科学鉴定，宁明盆地出土的植物化石大概分为 48 科 69 属，其中以豆科、壳斗科、樟科、胡桃科、榆科等化石数量最多，呈现出一种亚热带常绿阔叶 – 落叶混交林特征。

远古的浪漫——宁明植物群中的"明星"

宁明植物群中被子植物种类丰富多样，充分体现了新生代被子植物的统治地位。而且绝大多数类群能找到它的现生亲缘，也就是它们在现代的"亲戚"。另外还有一些已经灭绝的种属，以及一些现代宁明地区不存在的类群。接下来就简要介绍宁明植物群中具有代表性的类群，让大家对这一植物群有更深入的了解。

羊蹄甲属，豆科里遍布世界热带地区的明星属。香港特别行政区的区旗、区徽上的图案就是羊蹄甲属下面的红花羊蹄甲，人们常叫它"紫荆花"，其实真正的紫荆花另有其花。羊蹄甲除了花开得漂亮，它的叶子也非常容易识别，因为它的叶子常在顶端中间凹缺或分裂

柳州市羊蹄甲花海

拉森尼羊蹄甲化石
（广西自然博物馆　提供）

为 2 裂片，形状如羊的蹄子，故得此名。也正因如此，古植物学家在宁明地层中发现具有这一特征的叶片化石后，很容易联想到它就是羊蹄甲的化石。当然只看叶形是远远不够的，古植物学家还会对比化石叶片的叶脉特征、叶微观特征，如角质层特征、气孔特征等。非常幸运的是，古植物学家还发现了一块叶片、枝和果实连在一起的标本，这就更加确定它属于羊蹄甲属植物。经过详细的形态学研究，科学家在地层中发现了 3 种不同的羊蹄甲化石。足见羊蹄甲在当时宁明地区的多样性。

　　如今，羊蹄甲植物仍然在广西繁茂生长。当繁花似

锦的春天来临，我们徜徉在广西城市的街道两旁，陶醉
在一大片粉色的羊蹄甲花海中时，可曾想过：3000万
年前，广西宁明正被如云似霞的羊蹄甲花海漫山遍野地
覆盖着，当远古的风吹过树梢，纷纷扬扬的花雨如精灵
般洒落，地面上立刻铺上了一层又一层的粉色地毯。"零
落成泥碾作尘，唯有香如故。"这句千古名诗咏叹的不
仅是梅花，也应该是世上一切美好的事物。这样看来，
如今的柳州羊蹄甲花海和3000万年前广西宁明地区真
正的羊蹄甲海洋比起来，实在是小巫见大巫。

钱耐属，芸香科已灭绝的属。也就是说它没有存活
到现代，但是在不同地质历史时期曾经有过它的身影。
通过化石记录，我们了解到钱耐属最早出现于始新世（距
今5000多万年），然后一直延续到中新世（距今2000
多万年）才灭绝。钱耐的果实是非常有特点的，其果实
的中央花盘上着生着1枚或数枚球形果实体，其下有5
枚宿存花瓣。我们在化石上看到的像电风扇扇叶一样的
结构就是它的宿存花瓣。这样的结构一般认为是其靠风

宁明钱耐化石（广西自然博物馆　提供）

带果实体的钱耐复原图（余怡　绘）

力传播的证据。宁明发现的钱耐化石只保留有 5 枚花瓣，没有发现果实体，经过对比研究将其定名为"宁明钱耐"。化石记录显示钱耐属植物曾广布于欧亚、北美地区，我国东北是其演化的中心区域，但随着中新世中后期气候变冷，钱耐属走向了末路。

　　类黄杞属，胡桃科已灭绝的化石属。它与现生的黄杞族成员有密切的亲缘关系，但因为果实体化石一般很难保存内部的结构，而这些内部结构又是分类的重要依据，所以将这类和现生黄杞果实长得像，但又没有保存果实体内部结构的果化石归入类黄杞属中。类黄杞的果实也非常有特色，外侧是由苞片发育而成的果翅，果翅 3 裂，基部与果实体愈合，中裂片明显比两侧的裂片长，裂片上还具有羽状脉纹，有些果实体上还长有长长的刚毛。宁明地区渐新世时生长着不同种的类黄杞，目前已发现 5 种，是该属多样化的中心。化石记录显示，从始新世到上新世的欧亚、美洲地层均有发现类黄杞化石，而现生黄杞属仅局限分布于热带亚洲和美洲，呈泛太平洋热带间断分布格局。因此，可推测中新世及第四纪冰

高岭类黄杞化石（广西自然博物馆　提供）

期气候波动对类黄杞属造成了巨大影响，从而形成了今天其间断分布的地理格局。

柄翅果属，锦葵科下仅分布于东南亚热带地区的一个特有属，全球有 6 种，在我国分布有 4 种，主要生长在滇黔桂的山地雨林和干热季雨林中。柄翅果属植物喜欢生长在富含钙质的碱性土壤中，根系发达，具有很强的穿透能力，能在贫瘠、干旱的石山上扎根，是西南喀斯特地区特有的物种。柄翅果属植物是高大的常绿或落叶乔木，它的果实为长圆形蒴果，具 5 条薄翅，室间开裂，每室有 1 颗种子。木质的果实更容易保存为化石，所以在宁明植物群中也发现了柄翅果属的果化石。由于它的果化石在大小上相较于现生柄翅果要小很多，也不同于其他化石种，因此被命名为"广西柄翅果"。该化石是

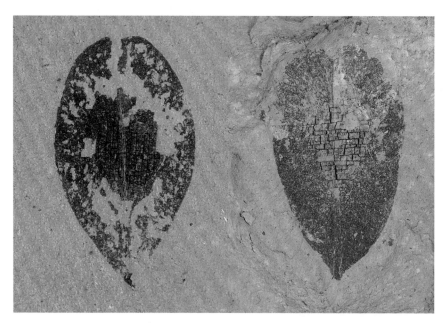

广西柄翅果化石（广西自然博物馆　提供）

压型化石，能看到的只是蓇葖果其中的 2 条翅，中间被一条粗壮的心皮缝合线一分为二，最外面呈倒卵形的是中果皮，中间呈心形的是内果皮，从内果皮的外周向外有辐射状的脉纹，如果有种子就长在内果皮里。

广西柄翅果的发现证明该属在渐新世时已经出现在宁明地区。结合现生柄翅果只生活在喀斯特等石山地区的生态习性，可以推测：渐新世时，宁明盆地湖泊的边上就是一座座喀斯特石山，在石山的斜坡上生长着以广西柄翅果为特色的植物群落。经过几千万年的地质演变，我们今天仍然能看到柄翅果属植物生长在宁明及周边区域。这些植物一直在不断地侵蚀着石灰岩山体，加速着石灰岩的溶蚀，它们与周围环境共同塑造了喀斯特森林景观。只可惜，由于柄翅果的木材具有坚硬、强度高、耐磨等特性，因此常常被用来作为砧板、高档家具、特种工业用材等，从而导致它的野生资源遭到严重破坏，多个种在我国已经属于渐危种，属于国家二级重点保护野生植物。除了人为破坏，喀斯特地区脆弱的生态环境也是导致柄翅果生存艰难的原因。由于土壤贫瘠、土层薄，土壤保水能力差，因此植被稀疏，很容易受到自然或人为因素影响。现在，在广西宁明、龙州已经建立了弄岗国家级自然保护区，相信柄翅果能得到很好的保护，让它们流传了几千万年的薪火得以延续和壮大。

宁明植物群化石种类丰富，不仅有植物，还有鱼类、昆虫等生物化石，是不可多得的渐新世生物群。它记载着 3000 多万年前植物组成的信息，这些植物所反映的环境特征可以为我们今天研究气候环境变化提供有价值的参考。但愿更多的人能和我们一起关注宁明植物群，让神秘"花山绿"和鲜艳"花山红"一起在历史的星空大放异彩！

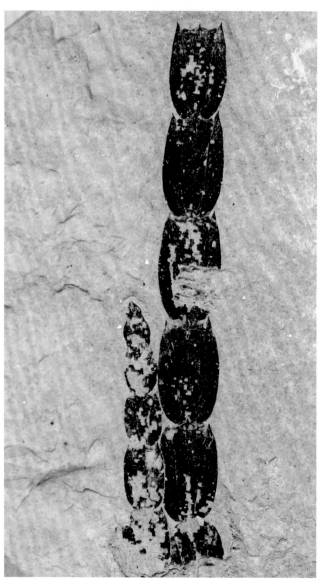

花山翠柏化石（广西自然博物馆　提供）

宁明三尖杉化石（广西自然博物馆　提供）

宁明槭化石（广西自然博物馆　提供）

宁明十大功劳化石（广西自然博物馆　提供）

亚热带常绿阔叶－落叶混交林。生长着以豆科、壳斗科、樟科、胡桃科、榆科等化石为代表的亚热带森林，还有包括柏木、三尖杉、翠柏等在内的众多裸子植物，以及蕨类植物紫萁。

鞍叶羊蹄甲

拉森尼羊蹄甲复原图

拉森尼羊蹄甲

最近现生亲缘：鞍叶羊蹄甲。

生活习性：木质藤本或直立灌木。花白色，荚果扁平。花期5～7月，果期8～10月。

形态特征：叶分裂为2裂片，形如马鞍。荚果椭圆状，顶端急尖，果柄长约1厘米。

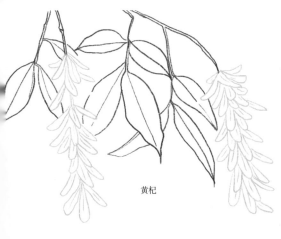

黄杞

高岭类黄杞

最近现生亲缘：黄杞。

生活习性：半常绿乔木，偶数羽状复叶，叶有毒，坚果具果翅，种子靠风媒传播，5～6月开花，8～9月果实成熟。

形态特征：具3裂片的翅果，中间裂片倒卵形，中脉直而明显，一对二级脉从主脉基部以较小的角度伸出，坚果小。

宁明钱耐

最近现生亲缘：无。在中新世已经灭绝（距今2000多万年）。

形态特征：具有5枚宿存的花瓣，呈辐射状排列。花瓣有5条纵脉，主中脉稍粗，靠外渐细。增厚的中央花盘呈圆形，球形的果实体就着生其上。

钱耐复原图

广西柄翅果

最近现生亲缘：蚬木。

生活习性：常绿乔木，喜碱性土壤，是石灰岩山地常绿林的主要建群种。木材坚硬、强度高，属珍贵用木树种。

形态特征：蒴果长圆形，具5条薄翅，心皮缝合线将果翅一分为二，种子被内果皮包围，生于中央。

广西柄翅果复原图

宁明植物群面貌图（余怡　绘）

三维植物木乃伊：南宁植物群

南宁发现木乃伊？

如果你在一架高空飞行的飞机上，俯瞰广西的首府南宁市，就会看到一座掩映在绿色中的现代化都市。从崇左、百色奔流而来的左江与右江，像两条巨龙，在南宁石埠三江口碰撞交汇，不仅汇聚成了南宁的母亲河——邕江，还在沿江两岸冲积滋养出了开阔平坦的南宁盆地。绿城南宁因水而兴，坐落在山环水绕的河谷盆地里。碧玉般的邕江蜿蜒而过，所到之处，现代化的高楼林立，郁郁葱葱的绿色如影随形，整座城市仿佛扎根在一片绿色森林中，和碧水蓝天一起，自由地呼吸。

而对这样一个宜居的现代化都市，你也许很难想象，在距今3000多万年的渐新世，南宁盆地竟然是一片荒蛮潮湿的古沼泽森林：南酸枣、苦楝、青冈等被子植物生长繁茂，构成了一大片亚热带常绿阔叶 – 落叶混交林；浅水大湖泊里生活着数量惊人的螺蛳、蚌等淡水腹足类和双壳类动物；长相怪异的石炭兽在湖边散步，或者和史前巨鳄、远古龟类争夺食物和地盘，一言不合就随时上演一场史前武打戏……正是这样一块风水宝地，孕育出了新生代晚渐新世的南宁植物群，而这个植物群在古植物界竟然拥有"三维植物木乃伊"这样神奇的称呼！这究竟是怎么回事呢？

说到木乃伊，大家首先想到的可能是埃及金字塔下的法老们，他们历经千年而肉身不腐。而植物体在快速沉积掩埋及缺氧的水环境下，细颗粒黏土对有机质进行保护，从而会形成一种特异埋藏化石，它的主要特点是植物保留了三维立体的结构，使植物有机质得以保存。因为与埃及木乃伊的保存原理类似，所以这种在植物化石中发现的特异埋藏方式被称为木乃伊化保存。

因为化石内部的结构仍然保留，所以科学家可以获得植物体更多的鉴定特征，这为准确鉴定植物的种类提供了绝佳的材料。木乃伊化植物化石在世界各地都有发现，保存的时代主要在新生代以后。已发现的木乃伊化石以木化石居多，也有些化石点保存有植物的果实化石、种子化石以及淡水双壳类动物化石和脊椎动物的骨头化石。

在南宁盆地，有一处保存木乃伊化植物化石的地点，该地点发掘出了大量木乃伊化保存的木化石、果实化石、种子化石以及叶片化石。为什么这么多化石出现在这里？原来，南宁盆地是古近纪时期形成的内陆断陷盆地，盆地内湖泊、河流发育，在数千万年时间里层积了巨厚的砂泥岩。原本生活在盆地附近或湖泊里的生物死后，少量遗骸被泥沙快速掩埋变成了化石，所以在砂泥岩里发现有介形类、双壳类、腹足类、鱼类、爬行类、哺乳类等化石。然而不同于上述化石，木乃伊化石很可能是遭遇洪水或泥石流后被

南宁盆地（付琼耀　摄）

冲入湖泊里并被快速掩埋的结果。在这层含木乃伊化植物化石的地层上下，是含有很多双壳类、腹足类化石的层位，时代为渐新世，所以科学家认为，含木乃伊化植物化石的地层时代也为渐新世，并很可能属于晚渐新世。也就是说，在晚渐新世时，南宁盆地遭遇了一场很大的洪水或泥石流事件，湖泊周围生长的植物被裹挟到湖盆中埋藏起来，由于细粒泥沙的覆盖，在有水的低氧环境中逐渐形成了木乃伊化植物化石。

如今这一珍贵的木乃伊化植物化石发现点已不复存在，因为它位于一处建筑工地的基坑内，是建筑工程挖地基时发现的。古植物学家在野外踏勘时发现了这一地点，并对这些化石进行了抢救性发掘，提取了尽可能详细的资料后，该化石点最终被钢筋和混凝土覆盖，变成了层层高楼，令人惋惜。不过，经过对所提取出的木乃伊化植物化石进行系统研究，目前共发现了18科21属植物，基本上能还原出当时南宁盆地植被的面貌以及植物所处的气候条件。

奇趣"木乃伊"——南宁植物群的典型种类

号称"三维植物木乃伊"的南宁植物群，植物种类繁多，形状古怪有趣，其中壳斗科占优势地位，组成上基本都是热带–亚热带的植物成分，包括紫树属、翅子树属、山矾属、番荔枝属、木荷属、枣属等。根据植物组合推测，晚渐新世的南宁地区生长着一片亚热带常绿阔叶–落叶混交林。下面我们就一起来看看南宁植物群里的典型代表。

南酸枣属，漆树科里的一个单种属，为高大的落叶乔木，主要分布在印度东北部、中南半岛和我国及日本，是东亚特有植物。在我国长江以南地区，南酸枣是比较常见的树种。南酸枣的果实与我们常见的桃子、李子一样都为核果，但造型比较有特点。肉质的果皮包着一个木质的果核，果核呈卵圆形，果核一端均匀地环绕着 4 ～ 6 个小孔，一般为 5 个孔。由于这些孔长得像眼睛一样，因此民间也把南酸枣树称为"五眼果树"。其实这些孔是它的萌发孔，南酸枣幼苗就是从这个孔里长出来，然后生根发芽的。木质果核部分仍属于内果皮，真正的种子还包裹在内果皮里面。南酸枣果实是可以食用的，果肉滑滑的，味道酸酸甜甜。在我国南方很多地方都有用南酸枣果实制作酸枣糕的传统。

说了那么多，想必大家对南酸枣已经有了初步印象。正是因为南酸枣坚硬的木质果核让其保存为化石的概率大大增加，也正是因为其果核上 5 个网眼的特征，使其很容易被古植物学家所识别。目前发现的南酸枣化石都为果化石，最早的记录出现在英国伦敦距今 5000 多万年的早始新世地层。随后在波兰、日本更晚一点的地层

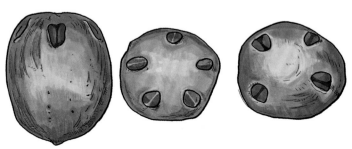

木乃伊化的南宁南酸枣化石（余怡　绘）

中也有发现。不过上述果化石都是完全矿化的标本，而在南宁发现的南酸枣化石是木乃伊化保存的，且外观上与现生南酸枣十分相似。值得一提的是，在福建漳浦距今约 2000 万年的中新世地层中也发现了木乃伊化保存的南酸枣果核，且首次发现具有 7 个萌发孔的果核化石，这反映了南酸枣果核形态在地质历史时期的多样化。

楝属，楝科下一个很小的属，我国产 1 种，即楝，主要分布于我国黄河以南各省区。"楝"为学名，它的俗名更广为人知，如苦楝、楝树、紫花树等。楝为落叶乔木，花期在 4 ~ 5 月，开花时呈簇状的淡紫色花挂满枝头，是暮春时节一道美丽的风景。唐代诗人温庭钧曾以《苦楝花》为题："院里莺歌歇，墙头蝶舞孤。天香薰羽葆，宫紫晕流苏。晻暖迷青琐，氤氲向画图。只应春惜别，留与博山炉。"描绘了楝花的芬芳美丽。楝的果实为核果，近肉质的外层果皮包裹着一个硬骨质的果核，这个果核是它的内果皮，果核内有 3 ~ 6 个子房室，种子就静静地躺在子房室内。得益于硬骨质的果核，南宁植物群里发现了保存完好的楝属果核。因为果核子房室形状呈纺锤形而与现生楝相区别，故将其命名为"三塘楝"。三塘楝化石的发现是目前该属全球最早的化石记录，随后在波兰、北美中新世地层以及日本、泰国更新世地层中也发现了楝属化石。有限的化石记录很难去解释其现在热带 – 亚热带亚洲分布的格局，但至少说明早在晚渐新世，楝属已经在我国华南地区出现。

栎属，壳斗科里最大的一个属，约有 300 种，广布于亚洲、非洲、欧洲、美洲等地区。我国产 51 种，遍布全国各省区，是组成森林的重要树种。人们常说的橡

木乃伊化的三塘楝化石（余怡　绘）

木，通常指的就是栎属植物的木材。橡木可以做家具，橡木桶一般用来装葡萄酒或烈酒。另外，栎属中有个叫"栓皮栎"的种，其树皮是制作软木塞的原料。栎属很多种已经被用作城市的行道树或观赏树使用。栎属的果实由壳斗和坚果组成。壳斗包裹坚果的一部分或者全包坚果。壳斗外壁长着很多小苞片，有的如鱼鳞，有的像花环，有的似针刺，让壳斗拥有不同的形态。坚果圆球状或陀螺状，与壳斗连接处有一个明显的圆形果脐。坚果富含淀粉，是野生动物的重要食物来源。南宁植物群中发现了4种新的栎属植物，分别是古碟斗青冈、古雷公青冈、南宁青冈、邕宁青冈。它们都是栎属下的青冈

古碟斗青冈复原图（余怡　绘）　　古雷公青冈复原图（余怡　绘）　　邕宁青冈复原图（余怡　绘）

亚热带常绿阔叶－落叶混交林。生长着
以壳斗科、山茶科为代表的亚热带森林，还
包括南酸枣属、紫树属、翅子树属、山矾属、
番荔枝属、枣属、杜英属等植物。

古碟斗青冈

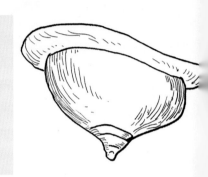

最近现生亲缘： 碟斗青冈。

碟斗青冈生活习性： 常绿乔木，雌雄同株，花期3～4月，果
期翌年8～12月，味苦不可食用。

形态特征： 壳斗碟形，直径3～4厘米，边缘平展，上覆7条由
小苞片合生而成的同心环带，坚果扁圆。

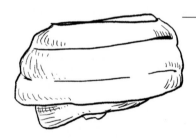

南宁青冈

最近现生亲缘： 毛叶青冈。

生活习性： 常绿乔木，雌雄同株，花期3～5月，果期10～11月。

形态特征： 壳斗陶碗状，直径约1.8厘米，上覆8条由小苞片合
生而成的同心环带。坚果扁圆，半包于壳斗内。

邕宁青冈

最近现生亲缘： 鼎湖青冈。

生活习性： 常绿乔木，果实常成对着生于当年生枝顶端。

形态特征： 壳斗深碗状，直径约2.7厘米，上覆7条由小苞片合
生而成的同心环带。坚果长椭圆形，有1/3被壳斗包裹。

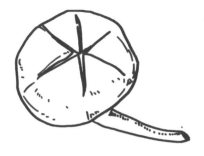

广西木荷

最近现生亲缘： 木荷。

生活习性： 常绿大乔木, 花期 6 ～ 8 月, 是亚热带常绿林里的建群种, 具有森林防火功能。

形态特征： 蒴果, 木质球形, 具长果柄, 具覆瓦状排列的宿存萼片。种子肾形, 具薄翅。

南宁南酸枣

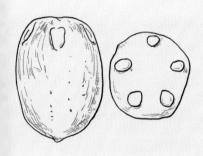

最近现生亲缘： 南酸枣。

生活习性： 落叶乔木, 奇数羽状复叶, 核果成熟时黄色, 可食用, 为造林速生树种。

形态特征： 果核长椭圆形, 木质坚硬, 一端具 4 ～ 6 个均匀环绕的萌发孔。

 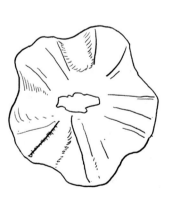 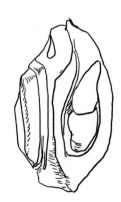

三塘楝

最近现生亲缘： 楝。

生活习性： 落叶乔木, 花淡紫色, 量大美丽, 花期 4 ～ 5 月, 果期 10 ～ 12 月。

形态特征： 核果椭圆形, 成熟时黄色。中果皮肉质, 内果皮木质。内果皮包裹着 3 ～ 6 个纺锤形的子房室。

南宁植物群面貌图 (余怡　绘)

亚属的成员。古碟斗青冈的壳斗呈扁平状，就像我们常用的餐碟，故得名，也像孩子们喜欢玩的陀螺。古雷公青冈只保存了坚果部分。南宁青冈的壳斗形如一平底的陶碗，把坚果装在里面。邕宁青冈的壳斗像一顶帽子戴在坚果上。壳斗形态上的多样性是青冈亚属不同种的重要区别特征。化石记录表明，青冈亚属最早出现于东亚，随后分布范围扩展到西亚和南欧。到了更新世，伴随着地中海气候的形成和全球气候变冷，该亚属的分布范围逐渐收缩到东亚地区，形成了现在的分布格局。

木荷属是山茶科下的一个属，该属大约有 20 个种，主要分布于华南及邻近的东南亚地区。我国有 13 种，可以说是木荷属植物分布的中心。木荷属是常绿乔木，因为它的花大，白色，有长柄，似荷花，故名"木荷"。木荷也被称为"森林卫士"，为什么呢？因为研究发现木荷是有效的森林防火植物，木荷林能有效阻隔地表火和树冠火蔓延，起到防火效能。原来，木荷树体的含水量高达 45%，而树体内易燃的油脂含量又少，树皮粗厚不易燃，所以发生火灾时如果有一排木荷林挡在前面，将森林分隔，就可有效抵御火势蔓延，降低森林火灾的危害。木荷属的果实为蒴果，木质球形，具果柄，果柄与蒴果连接处具覆瓦状排列的 5 个萼片。当果实成熟时，蒴果以室背开裂的方式裂成均匀的 5 瓣，露出宿存的中轴，以及具有薄翅的肾形种子，这些具翅的种子可以随风散落到很远的地方。根据这些果实的形态，古植物学家发现南宁植物群中存在大量木荷属的果实，而且这些果实大多都带有果柄，有些果实内甚至还保存了肾形的种子。通过与现生种和化石种比较后发现，南宁的木荷果化石具有长柄、小的萼片和大而圆的蒴果，很明显是一个新物种，被命名为"广西木荷"。广西木荷的发现是该属在亚洲最早的化石记录，说明早在晚渐新世时木荷属已经存在于它现在的分布区内。现代木荷属植物常常跟壳斗科、樟科等植物共同组成常绿阔叶林的优势物种，占据森林的冠层。可以想象，广西木荷这一"森林卫士"早在几千万年之前就已经在南宁盆地内肆意生长了。

　　南宁植物群植物种类丰富，果化石奇形怪状，非常有趣。除了上述几个类群，还发现了山矾属、安息香属、油桐属、翅子树属、杜英属等21属植物，其中壳斗科植物在南宁植物群中不仅种类多，标本数量也非常多，其次是木荷属植物，这也反映了当时的南宁地区生长着以栎属、木荷属植物为代表的亚热带常绿森林。

广西木荷复原图（余怡　绘）

现生木荷（余怡　绘）

跨越赤道的"牵手"：桂平鸡毛松

桂平"寻宝"记

广西桂平作为一个山川秀美、人杰地灵的地方，有着很多著名景点，比如让明朝著名"驴友"徐霞客津津乐道的大藤峡、白石山，还有桂平西山的千年古刹、龙潭国家森林公园等。在古植物学界，桂平还有一处珍贵的自然遗产——桂平中新世植物群，其中的桂平鸡毛松还曾经悄悄进行了一次跨越赤道的"牵手"之旅呢！桂平的宝藏那么多，就让我们一起开始桂平的"寻宝"之旅吧！

说起桂平中新世植物群的发现，就不得不从一件珍贵的古哺乳动物化石的发现说起。1981 年 9 月，广西玉林的地质工作者在桂平蒙圩镇欧村一带进行地质踏勘时，意外发现一件脊椎动物下颌骨化石。后经过广西自然博物馆专家鉴定，该下颌骨属于一种与现代白鳍豚接近的淡水豚类，后将其命名为"郁江原白鳍豚"。这件动物化石的发现吸引了更多人来桂平"寻宝"。经过一番深入寻找后却再也没能发现其他的动物化石，反而在产豚类化石的同一层位找到了植物的叶片化石，后来经过古植物学专家鉴定为栎属植物。而产化石的地层单元因为豚类化石的发现被定名为"二子塘组"，时代确定为中新世。此后数十年，桂平盆地再无重要的古生物化石发现，直到 2014 年前后，根据之前发现栎属植物化石的线索，古植物学家们在桂平盆地进行了植物化石的搜索，经过不懈的努力，最终又在桂平中新世地层中发现了大量植物化石。目前已发现的植物种类达 11 科 12 属，包括裸子植物买麻藤属、鸡毛松属，被子植物栎属、柯属、黄杞属、金鱼藻属、木荷属、番荔枝属、橄榄属、杜英属等，植物组合以木荷属和黄杞属占优势，反映了桂平中新世时亚热带常绿阔叶林的植被面貌以及温暖湿润的亚热带气候条件。

在这片森林中，有一种植物，其树干挺拔粗壮，枝叶苍翠有劲，与周围的常绿阔叶树组成混交林，它就是鸡毛松，一种属于罗汉松科鸡毛松属的裸子植物。与其他罗汉松科植物不同的是，鸡毛松的叶为异型叶，种子顶生。异型叶是指鸡毛松同一株植物上有两种不同形状的叶片，一种是生于老枝及果枝上的叶，呈鳞形或钻形，长 2～3 毫米；一种是生于幼树、萌生枝或小枝顶端的叶，呈钻状条形，质软，排成两列，长 6～12 毫米。这些生长在小枝顶端的叶片中间宽两端窄，形如鸡毛，故得名"鸡毛松"。鸡毛松属在我国只有一种，主要分布于海南岛，在两广和云南有零星分布。由于鸡毛松木材优质，被长期砍伐，天然林资源日渐枯竭，属于国家三级保护植物。

在桂平中新世地层中发现的鸡毛松属于化石新种——桂平鸡毛松。它不仅保存有两型的叶片，还有雄球花、雌球果以及雄花里的原位花粉。雄球花呈穗状，

桂平鸡毛松图（左）与我国现存种鸡毛松（右）
的形态特征比较（余怡　绘）

花药被螺旋状排列的苞片包围；雌球果有一肉质种托，球形的种子就着生在种托之上。

偶然与必然：跨越山海的迁移

记录显示，鸡毛松属化石主要发现于南半球，最早可追溯到中生代白垩纪时期。其中澳大利亚发现的化石记录最多，此外，智利、阿根廷、新西兰等地都有化石记录。这充分表明鸡毛松属是南半球古老大陆——冈瓦纳大陆起源的物种。这里就有个疑问了，为什么在地质历史时期一直生活在南半球的鸡毛松会出现在北半球的低纬度地区，包括中国华南地区呢？如果我们仔细看地图会发现，在澳大利亚和中国大陆之间存在一系列岛屿，这些岛屿的存在成为解释这一现象的关键所在。通过大量统计研究，科学家发现现生裸子植物中有相当一部分是来自冈瓦纳古陆的物种，也就是说它们在地质时期曾长时期广泛分布于南半球。两个完全不同的地理区域却有着如此广泛的生物交流，说明这其中肯定存在一条生物迁移的通道。科学家推测这条通道可能是存在于澳大利亚与中国大陆之间的一系列岛链。早在晚渐新世，澳大利亚板块与亚洲板块发生碰撞，由此生产了一系列岛链和洋流变化，这为植物的迁移提供了陆桥和适宜的潮湿气候。像鸡毛松这样耐水淹，能适应极端环境的物种便可通过这条岛链通道跨过赤道，来到印度尼西亚、马来西亚，到达中南半岛。其实直到现在，澳大利亚板块也还在以每年 6.85 厘米的速度不断向北移动，最终可能的结果就是澳大利亚板块变成亚欧板块的一部分，当然，这需要很长的时间。

桂平鸡毛松作为鸡毛松属在北半球唯一的化石记录，它的出现证明该属植物早在中新世时可能就已经通过这条通道到达了中国华南地区，并且一直存活至今。在如今广西贵港市港北区坦阳村，一棵树高 17 米、主干胸围 1.7 米、冠幅达 21 米的硕大鸡毛松古树正屹立在那里。根据测算，这棵鸡毛松树龄达 1200 年，是名副其实的"鸡毛松王"。而这棵树与桂平鸡毛松发现地直线距离不超过 60 千米。这棵古树就像一个时间老人见证了历史的沧桑巨变，它仿佛在向世人诉说着一段跨越赤道的植物迁移史以及它们曾经拥有的辉煌。可如今，在经历了全球气候变化和人类的肆意砍伐后，鸡毛松在

- - - - - - - - - - - 鸡毛松属植物目前的分布范围

→ 鸡毛松属植物历史迁移方向

鸡毛松属植物目前的分布范围（余怡 绘）

鸡毛松（林秦文 摄）

广西只有零星的分布，那棵生长在坦阳村的"鸡毛松王"因为是当地村民的"风水树"才得以保全下来。目前，鸡毛松在中国主要分布在海南岛，它已经成为当地常绿季雨林中的主要树种，并得以发展壮大。或许，海岛的环境更适合鸡毛松的生长，毕竟它们的祖先就曾跨越一座座海岛而来。然而，原本作为鸡毛松属大本营的澳大利亚，自从上新世之后该属就从那里灭绝了。上新世后全球气候变得更加干冷或许是造成这一结果的主要因素。

大自然就是这么奇妙，没有什么是永恒不变的，看似偶然的现象背后一定隐藏着某种必然的因果联系，就如鸡毛松的故事一般。

植物在生命的起源和陆地的开拓中起了非常重要的作用，植物世界的未来，与人类息息相关。这时候，研究古植物化石这件貌似和现代生活脱节的事情，就变得迫在眉睫，因为它可以为人类提供另一个环境保护的角度，帮助人类走出重重困境。

植物对环境的重要作用不言而喻，而植物化石对气候同样也具有重要指示作用。通过研究现代植物与气候的响应，科学家发现大气二氧化碳含量相对高时，植物的气孔密度会相应降低，以达到一种平衡。通过大量模拟气候与叶片角质层气孔的数据，我们可以获得两者间的线性关系。这样一来，我们就可以利用保存有叶片角质层的化石去恢复当时的气候。另外，通过对植物化石的研究，我们理解了植物适应环境的生物过程，明确了植物在应对各种环境条件时生理结构方面发生的变化，对古生物的生活环境、生活方式、进化的规律和机制等有了更深入的了解，能够为我们认识植物的系统演化过程和陆地生态系统演替过程提供线索和证据。

对广西来说，研究植物化石，功在当代，利在千秋，但也任重道远。2017 年 4 月 20 日，习近平总书记在南宁考察那考河生态综合整治项目时指出，广西生态优势金不换，要坚持把节约优先、保护优先、自然恢复作为基本方针，把人与自然和谐相处作为基本目标，使八桂大地青山常在、清水长流、空气常新，让良好生态环境成为人民生活质量的增长点、成为展现美丽形象的发力点。

近年来，广西统筹山水林田湖草海湿地系统治理和修复，实施重点流域生态保护修复工程，强化重点海湾系统治理、红树林等滨海湿地系统保护修复，持续开展"绿盾"及自然保护地大检查等行动。目前，广西已成功创建 16 个国家生态文明建设示范区和 5 个"绿水青山就是金山银山"实践创新基地；广西生物多样性丰富度居全国第 3 位，已建成自然保护地 223 个，在国家生态安全和生态文明建设战略格局中具有重要地位。总之，促进人与自然和谐共生，做好生态环境保护文章，推动生态治理实践向前发展，走出具有广西特色的绿色发展之路，还要创新促进生态优势向高质量发展优势转化，推动经济发展绿色低碳转型。另外，雨林植被类型多样，对吸收转化二氧化碳功不可没。广西境内热带季雨林为其主要类型，包括热带半落叶（半常绿）季雨林和热带常绿季雨林，也分布有热带石灰岩（石山）季雨林和小面积的非典型性热带雨林。比如，著名的十万大山位于广西的西南部，有一片基本维持原始状态的热带雨林，古木参天，林海茫茫，群山连绵，雄伟峻秀，蕴藏着丰富的珍稀动植物资源。弄岗国家级自然保护区地处广西崇左市的龙州和宁明两县境内，典型的喀斯特地貌随处可见，森林覆盖率达到98.8%，是我国乃至世界上热带原始林保存最好、面积最大的地区之一。这些热带雨林作为广西的"绿肺"，能吸收转化二氧化碳，释放充足的氧气，对维持良好的生态系统，改善气候环境有着不可替代的作用。

再者，植物资源的搜集对植物的未来至关重要。百余年前，中国社会积贫积弱，处于战乱之中，西方的"植物猎人"趁机来到中国，考察发现并带走了很多植物及标本。1904年，爱丁堡皇家植物园标本室工作人员乔治·福雷斯特受派遣来到中国进行植物调查。28年间，福雷斯特从中国带走3万多份干制标本、1万多份种子，为爱丁堡皇家植物园引入1000多种活体植物。除此之外，19世纪至20世纪，西方传教士在中国进行了大量的植物采集，美国的约瑟夫·洛克、英国的亨利·威尔逊、罗伯特·福琼等近20人都对中国杜鹃花和其他许多植物进行了采样和种质资源收集。他们有一个共同的名字——"植物猎人"。"植物猎人"在中国的"狂欢"背后，是被掠夺的中国草木的声声叹息。

今天，中国有一群"种子猎人"，以保护祖国植物物种的主人翁姿态，活跃在中国的山水之间。他们的工作就是采集各种植物种子。中国科学院昆明植物研究所中国西南野生生物种质资源库科研团队走遍了中国的万里河山，采集了数千种植物的种子，旨在保护种子，保护植物的未来。而中国西南野生生物种质资源库作为"中国植物的诺亚方舟"，与斯瓦尔巴德全球种子库、英国"千年种子库"、美国 NPGS 等种子库齐名，在国际生物多样性保护行动中具有举足轻重的地位。

总之，植物塑造了地球。在难以想象的漫长岁月里，植物也对全球自然环境的形成产生了的重大影响。从植物化石出发，探究自然环境的历史，进而用实际行动保护植物的未来，是功在当代、利在千秋的大事。我们每一个人都应树立生物多样性保护意识，尽自己的一份微薄之力，尊重自然、顺应自然、保护自然，共同成就人与自然和谐共生的美好未来。

广西桂林景观

后记

　　我从来没有想过，《远古植物世界》的写作是一个如此漫长而奇妙的旅程。除了日常的工作，我把所有的时间都熔铸在探索神秘植物化石的进程中。那些被碳酸钙、煤层或树脂层层包裹住的植物化石，纷纷挣脱缠绕住自己的地层，赤裸着最初的叶脉根茎，从21世纪奔向属于自己的远古时空。从古生代的寒武纪、奥陶纪、志留纪、泥盆纪、石炭纪、二叠纪，到中生代的三叠纪、侏罗纪、白垩纪，再到新生代的古近纪、新近纪、第四纪……所有的植物化石都找到了自己的时代，并心安理得、不紧不慢地向我们展示它们还没有成为化石之前，那些舒展在远古风雨中的最鲜活的植物生涯。也许爱护植物，保护自然，在植物化石的伟大历程中学习与成长，才是我写作这本书最大的初衷。

　　最后，特别感谢广西自然博物馆、广西科学技术出版社的大力支持，感谢具有严谨专业的科学精神的付琼耀博士，是你们的支持让我坚定了科普写作的信心，我将继续努力为读者们贡献科学性、知识性和趣味性兼具的科普作品。

刘景婧

2023 年 6 月